ATOMERNAS SPRÄNGNING

EN STUDIE I MODERN ALKEMI

AV

HANS PETTERSSON

Fil. D:r, Docent vid Göteborgs Högskola

Med 65 bilder

STOCKHOLM

HUGO GEBERS FÖRLAG

STOCKHOLM 1927
KUNGL. HOVBOKTRYCKERIET IDUNS TRYCKERI-A.-B.
278664

FÖRORD.

Ett århundrades forskning har utformat det från antikens filosofi hämtade atombegreppet från ett rent spekulativt antagande om odelbara smådelar såsom materiens minsta byggnadsstenar till en hela kemien och fysiken behärskande atomteori, bekräftad genom otaliga experimentella rön. Slutligen gav upptäckten av radioaktiviteten påtagliga bevis för atomernas realitet, verkningarna av individuella atomer kunde göras direkt iakttagbara, de kunde räknas, ses och höras. Samtidigt påbörjades det inträngande i atomens inre, i främsta rummet medelst undersökningsmedel hämtade från radioaktiviteten, vilket uppenbarat ett förut okänt mikrokosmos, särskilt tack vare Rutherfords arbeten. Atomens inre som ett övervägande tomrum, i vilket enstaka, negativt elektriska laddningar, elektronerna, planetlikt omkretsa atomkärnan, solen i systemet, vari atomens massa och dess positivt elektriska laddning förefinnas koncentrerade inom en fantastiskt liten rymd, denna bild, till vilken de sista femton årens arbeten fört, behärskar numera vår föreställning om materiens innersta byggnad. De lagar, som bestämma planet-elektronernas rörelser runt atomens centrum och arten av de ljus- och röntgenstrålar de frambringa, ha genom ett enastående teoretiskt undersökningsarbete av

Bohr, Sommerfeld och deras skolor blivit i viktiga avseenden klarlagda. Samtidigt har detta studium av »atomens anatomi och fysiologi» givit uppslag för förklaringen av grundämnenas olikheter i fysiskt och kemiskt avseende, deras växelverkan med varandra, med elektriciteten och med den strålande energien. Namn sådana som Berzelius, Ångström, Rydberg, Arrhenius, Siegbahn och Svedberg vittna om de insatser, som från svensk sida gjorts i den här skizzerade utvecklingen av atombegreppet.

Bakom de problem, som röra atomernas struktur, och som vi numera kunna hoppas vara på god väg att lösas, öppnar sig en vista av nya gåtor beträffande atomkärnan och dess byggnad, varom vi ännu äro i nästan fullständig okunnighet. Redan föreligga emellertid experimentella rön visande, vilka ofantliga krafter, som råda närmast atomens kärna, och vilka energiförråd, som ligga dolda därinom. Vid de radioaktiva processerna, som till sitt väsen bestå i atomkärnornas explosionsartade sönderfall, träda oss dessa energiförråd till mötes i form av den levande kraften hos de med tusenmilafart utslungade atomfragmenten. I atomsprängningen har detta naturens eget vapen riktats mot den själv, i det man lyckats spränga andra, inaktiva grundämnens atomkärnor medelst anslaget från dessa atomvärldens projektiler. Denna metod, som först begagnats av atomfysikens mästare, Sir Ernest Rutherford, är den enda som hittills förmått realisera den gamla alkemiens dröm om en transmutation, en medelst mänskliga åtgöranden framtvungen förvandling av grundämnen. Huruvida den skall kunna utvecklas till en möjlighet att tvinga elementen sönderfalla i större skala än såsom hittills skett, atom för atom, får framtiden utvisa. Vilken riktning som i framtiden än må givas åt arbetet på detta för fysiken och kemien gemensamma område, nuklearforskningen, säkert är, att den kan väntas komma att rycka fram till en lika central ställning inom de kommande årtiondenas undersökningar över materiens byggnad, som atombegreppets utformning intagit under det gångna seklet.

Författaren till detta arbete påbörjade för fem år sedan vid Institut für Radiumforschung i Wien en serie undersökningar över atomkärnornas sprängning och elementens förvandling. Arbetena ha efter hand tilltagit i omfattning, så att för närvarande ett dussin unga fysici och kemister deltaga däri vid de tre närgränsande vetenskapliga institutioner, på vilka undersökningarna av tekniska och utrymmesskäl måst fördelas. En sammanfattning av de i Cambridge och i Wien vunna resultaten framlades för två år sedan av mig och min medarbetare Dr. G. Kirsch i en monografi över Atomzertrümmerung. Efterföljande arbete är avsett för en bredare läsekrets, varför de allmänna problem, som stå i samband med elementförvandlingen tillmätts en större plats än i den för fackmännen avsedda monografien. Att resultaten på viktiga punkter ännu äro omstridda har på flera ställen betonats, eftersom det knappast kunnat undvikas, att egna synpunkter i viss grad påverka framställningens karaktär.

De i sista kapitlet framförda, rätt djärva hypoteserna för materiens omvandling i fixstjärnornas inre representera åsikter, vilka jag för egen del ej kan reservationslöst antaga. Den som vill taga närmare del av desamma hänvisas till den berömde astrofysikern Eddingtons mästerliga framställning i hans nyutkomna populärvetenskapliga arbete »Stars and Atoms».

Den stora tacksamhetsskuld, vari jag står till mina medarbetare i Wien och till ledarne för de institut därstädes, vilkas resurser ställts till vårt förfogande, liksom till de svenska institutioner och enskilda, som under en följd av år understött arbetena, begagnar jag detta tillfälle att få erkänna. Förläggaren tackar jag för tillmötesgående i fråga om arbetets utstyrsel och det fotografiska materialets återgivande.

Wien i augusti 1927.

Författaren.

INNEHÅLLSFÖRTECKNING.

INLEDNING

Vetenskapen har lärt oss att misstro våra sinnens vittnesbörd. Ett stycke slipad kristall, i vilket vi med det starkaste mikroskop icke kunna upptäcka något spår till olikformighet, där materien synes oss vara ett oändligt delbart, absolut sammanhängande stoff, ett »kontinuum», är i själva verket uppbyggt av otaliga smådelar, av atomer stadda i en evig oro, i en rörelse, vilken för oss är märkbar såsom värme. Att verkligheten, d. v. s. materien, är atomer och tomrum lärde nära ett halvt årtusende före vår tidräkning filosofen Demokrit från Abdera, och ett århundrade av kemisk och fysikalisk forskning har bekräftat riktigheten av denna med genialt förutseende uttalade sats.

Kemien under adertonhundratalet lärde oss att urskilja ett visst begränsat antal atomslag tillhörande ett åttiotal grundämnen eller element, vilka icke låta sig med några medel överföras i ännu enklare ämnen, och kunde vidare fastställa dessa atomslags inbördes viktsförhållande genom att studera, i vilka proportioner som de ingå kemiska föreningar med varandra. De sammanslutningar av atomer, som därvid bildas och till vilka även de enkla ämnenas atomer, två eller flera, i regel äro sammanfogade, benämnas *molekyler,* och studiet av deras rörelser, antal, dimensioner, inbördes avstånd och ömsesidiga växelverkan har tidigare varit en av fysikens huvuduppgifter. Tack vare dessa undersökningar veta vi nu, att exempelvis en vattendroppe om två millimeter i genomskärning innehåller ett antal syreatomer, som måste skrivas med tjuguen siffror: 140 000 000 000 000 000 000, och därtill dubbelt så många väteatomer. Tänkes droppen förstorad till jordklotets dimensioner skulle dess atomer få mellan en och två meter i genomskärning. Vattenmolekylerna i droppen, vartill väteatomerna två och två äro sammanfogade med en syreatom, röra sig i en oavlåtlig zickzackbana, avbruten av ständiga stötar mot grannmolekylerna, med en genomsnittshastighet av över 600 meter i sekunden, alltså en gevärskulas utloppshastighet. Om detta kringvirvlande kaos av trillioner molekyler i den skenbart så lugna, kristallklara droppen giver oss vårt öga ingen aning.

Under årtionden av forskning var atomen så att säga det yttersta studieobjektet. Alla kemiska rön visade, att den verkligen måste vara vad det grekiska ordet atomos innebär, odelbar, i det varje försök att förvandla eller uppdela grundämnena, vilket endast kunde ske genom en klyvning av deras atomer, misslyckades. De föregående seklens trevande forskning hade satt som sitt förnämsta mål förvandlingen eller »transmutationen» av oädla metaller till guld. Denna alkemiens dröm var, enligt den moderna kemiens erfarenheter, en dröm som aldrig skulle gå i uppfyllelse, atomens odelbarhet och evighet blev nära nog till en dogm för ett århundrades vetenskap. Vi skola strax se huru denna dogm blev störtad vid tiden för sekelskiftet.

Redan långt dessförinnan hade emellertid optiska rön givit vid handen, att atomerna i varje fall icke kunna uppfattas såsom strukturlösa, sfäriska bildningar av någon kompakt, ofantligt elastisk urmaterie, ett slags biljardbollar i smått, såsom man tidigare varit benägen föreställa sig. Spektralanalysen, upptäckt vid förra seklets mitt, hade visat, att från varje atomslag utgå vissa karakteristiska ljusvibrationer, efter ljusets uppdelning till ett spektrum iakttagbara såsom spektrallinjer, vilka kunna användas att igenkänna ämnet i fråga, även när det är blandat med andra atomslag. Atomerna kunna alltså på sätt och vis jämföras med musikinstrument i stånd att frambringa vissa »optiska toner», eller, för att använda en aktuell bild, de äro radiostationer i smått, telegraferande med vissa, skarpt avstämda våglängder, miljontals gånger mindre än dem vi använda. Det måste då inom atomerna finnas system i stånd att vibrera med den period, som de utsända ljussvängningarna ha, »instrumentet måste ha strängar». Med tanke på järnets gnistspektrum med dess tusentals linjer kunde den store spektralfysikern Rowland säga, att en järnatom, av dess optiska klangresurser att döma, bör ha en långt mera komplicerad struktur än en konsertflygel!

Vad det är som vibrerar inom atomerna och motsvarar instrumentets strängar lärde man känna under seklets sista decennier. Sir William Crookes fann (1879), att vid elektricitetens gång genom högt förtunnade gaser utströmmar från den negativa polen, katoden, vad han benämnde »strålande materie», en ström av ytterligt snabba partiklar bärande negativ elektrisk laddning. Dessa katodpartiklar visade sig av elektriska och magnetiska krafter kunna avböjas från sin annars rätlinjiga bana. Detta gav en möjlighet att bestämma förhållandet mellan deras massa, som motsätter sig den avböjande kraften, och deras elektriska laddning, som vill följa densamma. Resultatet var överraskande, förhållandet i fråga befanns vara nära två tusen gånger

Fig. 1. Sir William Crookes.

mindre än för den dittills kända lättaste partikeln, den elektriskt laddade väteatomen. Sedan man på direkt väg mätt laddningen hos katodpartikeln och funnit denna lika stor som vätejonens, måste man antaga, att olikheten förorsakas därav, att det är katodpartikelns massa, som är så mycket mindre, noga bestämt $^{1}/_{1850}$-del av väteatomens massa.

Man hade därmed upptäckt en ny beståndsdel i materien, ofantligt mycket lättare än atomerna, och studiet av katodpartiklarnas avböjning visade, att denna beståndsdel är *universell*. Vilken gas som urladdningsröret än innehåller och vilken metall dess polplattor än må bestå av, de utslungade partiklarna ha alltid samma massa och laddning, endast deras hastighet växlar med styrkan av den elektriska kraft, som jagar dem framåt. Katodpartiklarna, eller som de med ett generellt namn numera kallas, *elektronerna*, äro beståndsdelar i *all* materia, de måste sålunda tänkas ingå i atomerna själva och vara deras minsta byggnadsstenar. Full visshet härom fick man, sedan det lyckats Zeeman att i ytterst starka magnetfält uppdela ljuset från glödande gaser, då spektrallinjerna visade sig klyvas i två eller flera komponenter. Denna klyvning kunde återföras på magnetfältets avböjande effekt å de inne i de ljusutsändande atomerna vibrerande smådelarna, och den beräkning av deras laddning och massa, som därigenom blev möjlig att utföra, gav just samma värde, som man funnit för katodstrålarnas fritt framflygande elektroner. De elektroner, som förefinnas bundna inuti en atom, utgöra alltså »instrumentets strängar», och det är deras vibrationer, som giva upphov till signalerna från dessa radiostationer i smått, d. v. s. till det ljus som de utsända.

Men man hade i elektronen lärt känna även något annat, nämligen en beståndsdel av elektriciteten. Man kan genom räkningar visa, att en elektricitetsmängd så stor som elektronens laddning, sammanträngd till en viss, ytterligt ringa dimension, bör ha samma tröga massa, samma motstånd mot riktningsförändrande krafter som elektronen har. Därmed skulle elektronens massa kunna helt och hållet bero av dess elektriska laddning, vara av elektromagnetisk art, och elektronen borde rätteligen betecknas såsom en partikel (en atom) av negativ elektricitet. En beståndsdel i atomerna är alltså negativ elektricitet fördelad på enhetsladdningar, elektroner, återstoden av atomen måste vara positivt laddad — för att den skall kunna utåt verka elektriskt

Fig. 2. Conrad Wilhelm Röntgen.

neutral, såsom den normalt gör. Hur är då den positiva elektriciteten inom atomen och hur är dess massa, vartill elektronerna endast i ytterst ringa grad bidraga, anbragt? Denna fråga skulle under årtionden bliva ett huvudproblem för materieforskningen, och det svar därpå, som vi numera anse vara det riktiga, kunde först lämnas ett stycke in på det nya seklet.

Dessförinnan hade, några år före sekelskiftet, två upptäckter gjorts, vilka kommo att få ytterst viktiga, till dels omskapande följder för hela vår uppfattning av atomernas byggnad: Röntgens upptäckt av de efter honom benämnda strålarna, och Becquerels fynd av det första av de fenomen, som vi numera sammanfatta under beteckningen radioaktivitet.

Röntgen fann (1895), närmast av en tillfällighet, att från väggarna i ett urladdningsrör, där dessa träffas av katodpartiklar, utgår en strålning, osynlig för ögat, men i stånd att liksom ljuset angripa fotografiplåten och att på sin väg genomtränga för vanligt ljus absolut ogenomskinliga föremål. Röntgenstrålarnas natur förblev länge omstridd, först efter nära två årtionden bringades det slutgiltiga beviset för att de äro en vågrörelse besläktad med ljusets, men av långt kortare våglängd. De utgöra de högsta diskanttonerna i det väldiga register av elektromagnetiska vågor, som sträcker sig från de stora radiostationernas bastoner med kilometerlånga vågor över den mörka värmestrålningens och ljusets mellanregister till de ultravioletta, kemiskt verksamma vågornas höjdtoner. Studiet av röntgenstrålarna och av de olika grundämnenas förmåga att utsända dylika har blivit till ett mäktigt medel att utforska atomens struktur och dessutom givit upphov till en ny spektralanalys, i många avseenden överlägsen den som Kirchhoff och Bunsen införde.

Även Becquerel kom (1896) av en tillfällighet att upptäckta en strålning, som utgår från den tyngsta av alla atomarter, elementet uran och fann, att den i likhet med röntgenstrålarna äger förmåga att genomtränga olika ämnen och angripa fotografiplåten. Fortsatta undersökningar visade, att strålningen är av sammansatt art, innehåller tre olika beståndsdelar, av vilka en mycket nära liknar röntgenstrålningen, men är ännu starkare genomträngande än denna, en annan starkt påminner om katodstrålningen, men med samma skillnad i fråga om kvalitet, under det den tredje komponenten egentligen saknar förebild från tidigare kända fenomen, om den ock, ehuru i fantastiskt förstärkt grad, erinrar om

Fig. 3. Henri Becquerel.

de positivt laddade atomjoner, som strömma genom urladdningsröret i motsatt riktning mot katodstrålarna. I en ordning omvänd den, vari de här nämnts, betecknas de nya strålningsslagen med det grekiska alfabetets tre första bokstäver, alfa-, beta- och gammastrålning. Den schematiska bild, som brukar anlitas för att karakterisera dessa strålar och som visar deras förhållande gentemot ett starkt magnetfält, må även här återgivas. Alfastrålningen avböjes, ehuru mycket svagt åt en riktning, som visar, att den måste bestå av snabba partiklar laddade med positiv elektricitet, betastrålningen avböjes långt starkare åt motsatta hållet, visande att partiklarna ha mycket mindre massa och äro negativt laddade, elektroner, under det gammastrål-

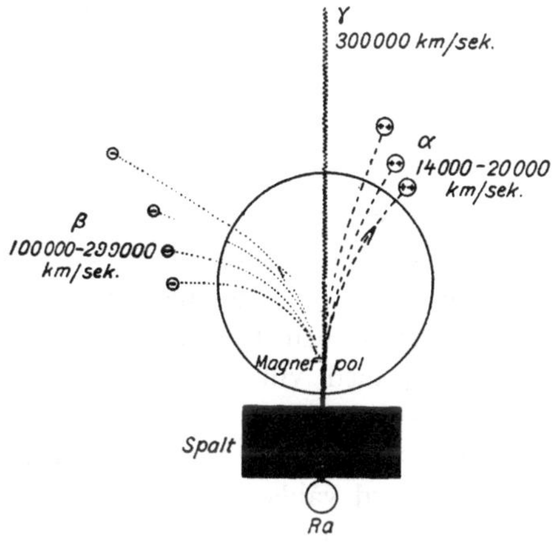

Fig. 4. Magnetfältets inverkan på α-, β- och γ-strålar.

ningen går alldeles opåverkad rakt fram som en ljusstråle eller ett röntgenknippe skulle göra.

Till en närmare kännedom om dessa strålningar och deras viktigaste egenskaper kom man likväl först, sedan det lyckats makarne Curie (1898) att ur i naturen förekommande uranmineral utdraga små mängder av det ryktbara ämnet radium, vars aktivitet eller förmåga att utsända den nya strålningen miljonfalt överträffar urans egen. Som medel för forskningen hade fotografiplåten snart fått träda tillbaka för de vida känsligare elektriska metoderna, vilka bero därav, att alla tre strålningsslagen, om ock i högst olika grad, äga förmågan att göra luft och andra gaser, varigenom de passera, elektriskt ledande. Orsaken härtill är, att ur atomer, som strålningen passerar, en elektron lösryckes, lämnande en positivt laddad atom- eller molekyljon kvar, och dessa elektriska partiklar ombesörja elektricitetens transport genom den »joniserade» gasen.

Studiet av de radioaktiva fenomenen, som nu i över tre årtionden bedrivits, har bringat i dagen en rikedom på nya och oanade fenomen, vilkas tydning har givit oss en helt ny uppfattning om atomens byggnad. Det har vidare avslöjat för oss tillvaron av energiförråd ofantligt mycket större än de mest energirika kemiska föreningarnas, och ha visat, att de byggnadsstenar, atomerna, med vilka ett århundrades kemisk och fysisk forskning arbetat såsom ett välkänt och ofarligt material, i vissa fall kunna uppträda som explosiv av en oerhörd våldsamhet. Sist men icke minst har den nu allmänt antagna tydningen av radioaktiviteten visat, att dogmen om atomernas odelbarhet och evighet icke gäller. Atomer finnas, vilka både födas och dö, och förvandlingens lag gäller alltså även de grundämnen, som bestå av ifrågavarande atomer.

Men därtill har under det sista årtiondet kommit ännu något mera. De radioaktiva fenomenen ha i handen på samtidens främste atomforskare, Sir Ernest Rutherford, visat sig vara ett verktyg, med vilket även andra, icke frivilligt sönderfallande atomer kunna tvingas att förvandlas. De snabba alfapartiklarna från sönderfallande radiumelement äga förmågan att slå igenom själva det kraftpansar, som skyddar atomens allra innersta, dess *kärna,* där dess individualitet ligger förborgad, och att spränga denna, så att atomfragment flyga bort, lämnande ett nytt slags atom kvar. Om denna tvungna förvandling av grundämnen genom sprängning av deras atomer och om de perspektiv den synes öppna för framtidens vetenskap skall berättas i detta arbete.

RADIOAKTIVITETEN

Födelse och död i atomvärlden.

Man vill gärna tro att sjukdom och död liksom krig äro onda ting, som väl kunna drabba oss levande varelser, men äro okända i atomernas värld. Vi veta, att dessa materiens byggnadsstenar kunna ingå föreningar med varandra och ånyo åtskiljas, kunna sammansätta sig till molekyler, enkla som vattenmolekylen med sin ena syre- och sina båda väteatomer, eller ofantligt komplicerade som de jättemolekyler, vilka bygga upp de levande organismerna, giva blommorna deras doft och färg och oss människor förmågan att känna och tänka. Men atomerna själva synas oss vara eviga och oföränderliga såväl till egenskaper som till antal, de ensamma äro undantagna från förvandlingens lag.

Denna illusion har de senaste trettio årens forskning berövat oss. Atomerna, åtminstone de som tillhöra grundämnena med de högsta atomvikterna, ha en till tiden begränsad tillvaro lika väl som vi själva. De födas, de bära ända från födelsen fröet till sin undergång inom sig, och i tidens fullbordan dö de en våldsam död. Deras slut utgör en katastrof i mikrokosmos, ett explosionsartat sönderfall, vid vilket ett atomfragment utslungas med sådan hastighet, att det förmår genomborra hundratusentals andra, fredliga atomer och i enstaka fall såra någon av dem till döds.

Fig. 5. Slipat pechblendeprov från radiumgruvan i St. Joachimstal.

Vad som härmed åsyftas är den märkliga grupp av företeelser, som sammanfattas under namnet radioaktiva fenomen, vilkas upptäckt kanske mer än någon annan revolutionerat fysiken och kemien. Men därjämte har den verkat omskapande på ett avsevärt antal andra discipliner och har först och främst låtit oss blicka djupare in i den döda materiens hemligheter, än man trettio år tillbaka i tiden skulle ansett möjligt.

Becquerels iakttagelse av urans strålning, vilken ledde till radioaktivitetens upptäckt och efter hand till framställningen av radium, har omnämnts i det inledande kapitlet. Vad som till en början verkade överraskande på fysikern mer än allt annat var, att den

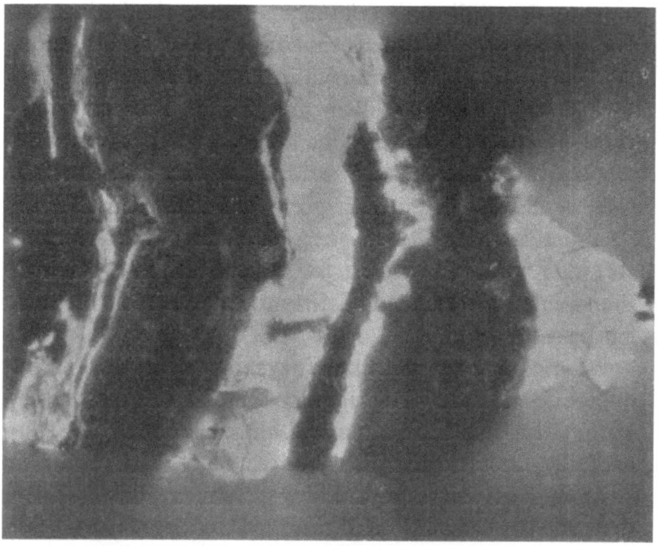

Fig. 6. Radiografi av pechblendeprovet (direkt inverkan av alfastrålningen på fotografiplåten).

radioaktiva strålningen föreföll utsändas, utan att den strålande substansen själv undergår någon förändring. Den starka energiutveckling strålningen representerar, vilken låter sig iakttagas, icke blott med fotografiplåten och elektroskopet utan, från mer högaktiva preparat, även med termometern, syntes strida mot själva energiprincipen, en av den teoretiska fysikens hörnstenar, vilken i korthet säger, att »intet fås för intet», att energiutveckling ej kan ske utan förbrukning av energi i någon annan form. Någon sådan källa till den radioaktiva strålningens energi kunde till en början icke påvisas, varför de mest fantasifulla antaganden om en okänd kosmisk strålning utifrån världsrymden, som av det radioaktiva ämnets atomer skulle insugas och liksom av en transformator omvandlas till deras egen strålning, blevo framställda och diskuterade. Gåtans slutliga lösning, vilken gavs av de brittiska forskarna Rutherford och Soddy, föreföll knappast mindre fantastisk. Energien, som strålningen bär, härstammar från atomernas inre och frigöres vid deras omvandling till andra atomer. Denna energiutveckling är så enormt stor, att blott ett ytterst ringa antal atomer behöva sönderfalla i tidsenheten, för att effekten skall vara märkbar.

De radioaktiva ämnena förvandlas alltså så småningom, och deras ursprungliga mängd minskas oupphörligt. De nybildade atomer, som uppkomma vid sönderfallet, äro i regel själva aktiva, d. v. s. de utsända strålning och deras omvandlingsprodukter likaså. Följden är, att mellan medlemmarna av en sådan serie sönderfallande och i varandra övergående ämnen ett slags jämviktstillstånd förr eller senare inställer sig, så att av varje atomslag i serien lika många atomer födas per tidsenhet, som de vilka sönderfalla. Förutsättningen för en dylik »radioaktiv jämvikt» är emellertid, att stamfadern, det första elementet i serien, själv sönderfaller mycket långsammare än de efterkommande.

De sönderfallande grundämnena gruppera sig alltså till familjer eller dynastier, inom vilka radioaktiviteten uppträder som ett slags familjesjukdom, ärftlig från led till led. Sjukdomen är latent under hela atomens livstid och träder först i sönderfallets ögonblick i dagen, men då med symptom så våldsamma, att ett större eller ett mindre fragment av atomen slungas ut ur densamma med utomordentligt hög hastighet. De förra kallas alfapartiklar, de senare betapartiklar. Samtidigt med avlossandet av en betapartikel, utsändes även en gammastråle, vilken kan liknas vid en skottlossningen åtföljande knall, en »detonation i etern».[1]

Alfapartiklarna äro själva av atomistisk storlek och bära en positiv elektrisk laddning dubbelt så stor som den minsta elektricitetsmängd man känner, vätejonens positiva eller elektronens negativa laddning, ofta kallad ett elektriskt elementarkvantum. När alfapartikeln förlorar sin höga hastighet, som i början av dess bana kan uppgå till mer än tjugutusen kilometer i sekunden, förlorar den också sin elektriska laddning, vilken neutraliseras genom infångandet av två negativa elektroner. Den visar sig därefter vara i allt identisk med atomer av grundämnet helium, det näst väte lättaste av alla elementen och tillhörande de i atmosfären sparsamt förekommande ädelgaserna, som den moderna ljusreklamen och glödlampsindustrien numera tagit i sin tjänst. Räknat med väteatomens massa och dess elektriska laddning i jontillståndet som enheter, har alfapartikeln alltså massan 4 och laddningen + 2. Den stora rörelseenergi, som alfapartikelns höga hastighet och relativt betydande massa motsvara, vilken omsättes i andra energiformer när den bromsas, gör att denna strålningsform ger största bidraget till de radioaktiva ämnenas värmeutveckling.

Betapartiklarna åter äro intet annat än elektroner, vilka utslungas med en fart, som lämnar katodpartiklarnas långt efter. De »hårdaste» betapartiklarna från vissa radioaktiva ämnen röra sig med en hastighet

[1] Sönderfallet påminner om en skottlossning även i det avseendet, att den sönderfallande atomen själv försättes i en hastig rörelse i en riktning motsatt den, i vilken atomfragmentet utkastas, s. k. rekylatom.

nästan lika hög som ljusets, 300 000 kilometer i sekunden.

Det radioaktiva sönderfallet kan alltså ske på två fundamentalt olika sätt: antingen så, att en alfapartikel utkastas, i vilket fall den sönderfallande atomens massa minskas med fyra atomviktsenheter, eller ock utslungas en betapartikel, vars ringa massa gör att atomvikten vid betasönderfall förblir praktiskt oförändrad. Från gammastrålningen, som anses vara ett sekundärt fenomen, kan i detta sammanhang bortses. En annan egenskap hos atomen av mycket stor betydelse, som skall närmare omnämnas i det följande, nämligen den elektriska laddningen av dess kärna, förändras också vid sönderfallet. Kärnladdningen, som alltid är positiv, minskas vid ett alfa-sönderfall med två enheter, under det ett betasönderfall medför en ökning av kärnladdningen med en enhet, eftersom förlust av en negativ laddning är likvärdig med vinst av en positiv enhet.

Utom genom arten av det utslungade atomfragmentet karakteriseras även den radioaktiva omvandlingen av sönderfallets hastighet. Som ett enkelt mått härpå brukar angivas den tid som kräves, för att av ett visst antal förefintliga atomer jämnt hälften skola ha hunnit förvandlas, den s. k. halveringstiden. Efter förlopp av lika lång tid därtill återstår av begynnelsemängden en fjärdedel, efter ytterligare en halveringstids förlopp en åttondel o. s. v. Man kan även uttrycka detta så, att av ett givet antal förefintliga atomer sönderfaller per sekund en viss bråkdel, och denna, sönderfallets tempo bestämmande konstant, är högst olika för olika medlemmar av samma dynasti.

Som exempel kan tagas radium, av vars atomer för varje sekund ungefär fjorton per biljon sönderfalla, så att radiums halveringstid kommer att uppgå till nära sextonhundra år. Av ett gram radium framställt vid tiden för folkvandringarnas början skulle numera föga mer än hälften finnas i behåll. Radiums närmaste avkomling, radiumemanationen, är en ädelgas, det tyngsta elementet i den grupp av grundämnen, vars lättaste representant är helium. Radiumemanationen sönderfaller ungefär hundrafemtiotusen gånger snabbare än radium, så att av dess atomer mellan två och tre per miljon förvandlas i varje sekund, och halveringstiden för emanation är knappt fyra dygn.

Men ännu mer extrema fall finnas, stamfadern för dynastien, ämnet uran, sönderfaller nära tre miljoner gånger långsammare än radium, så att en viss mängd uran kräver fyra och en halv miljard år för att till hälften omvandlas. Å andra sidan undergår en av emanationens avkomlingar, radium C′, en omvandling så snabb, att halveringstiden räknas i miljondels sekunder.

Alldeles som för människor varierar individens livstid bland atomerna inom vida gränser omkring sitt statistiska medelvärde.[1] Sålunda finnas ett fåtal emanationsatomer, vilka sönderfalla redan inom en sekund efter födelseögonblicket och andra, vilka med månader och år kunna överleva sina samtidigt födda kamrater, men de äro lika sällsynta som hundraåringarne bland människor.

Så gott som alla radioaktiva grundämnen tillhöra endera av två dynastier, den ena med uran, den andra med torium till stamfader. En tredje, ursprungligen såsom självständig uppfattad radioaktiv familj, efter sin mest kända representant benämnd actiniumserien,

[1] Medelåldern som en radiumatom uppnår är sålunda 2 280 år, d. v. s. den överstiger halveringstiden med sju århundraden.

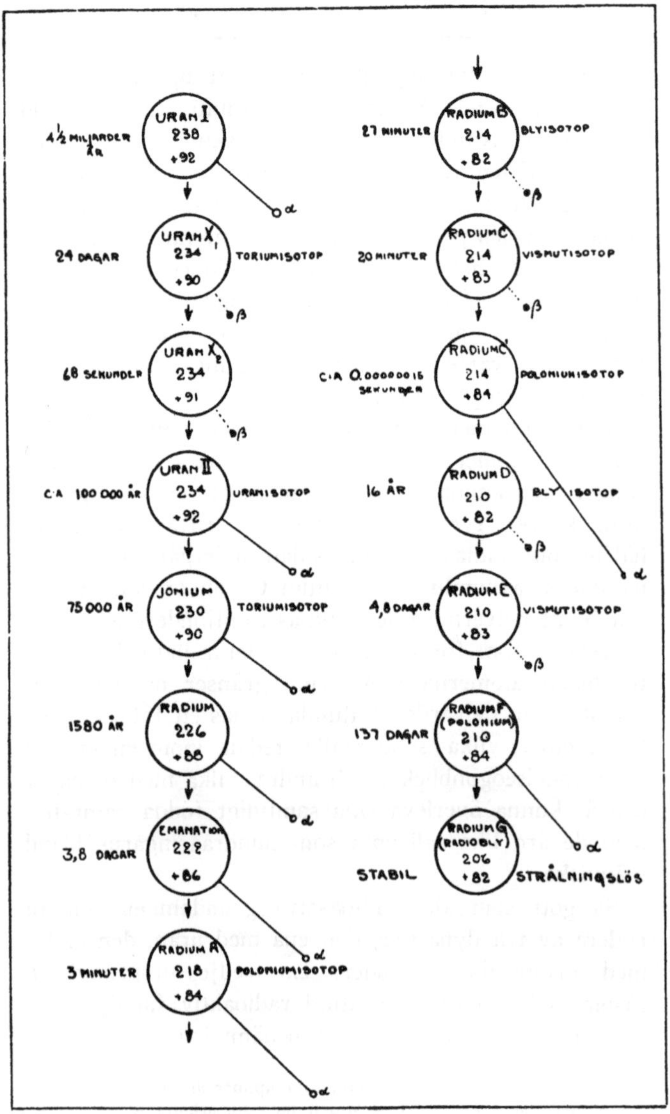

Fig. 7. Stamtavla för urandynastien.

har genom senare undersökningar kunnat härledas från en förgrening av uranserien. En av dennas medlemmar uran II sönderfaller nämligen på två olika sätt. Tre procent av dess atomer giva upphov till atomer av ett hastigt sönderfallande ämne, benämnt uran Y, som i sin tur vid sönderfall ger protactinium, stamfader för actiniumfamiljen, under det övriga 97 % över ämnet jonium ge upphov till urandynastiens fortsättning. Som man ser, gives det sidolinjer även till atomvärldens dynastier, vilka kunna erbjuda genealogen lika intressanta som svårlösta problem.

En schematisk översikt av urandynastien lämnas i figur 7, som innehåller stamtavlan för dess huvudlinje[1]. Varje atomslag är markerat av en cirkel, inom vilken finnes angiven namnet på det grundämne, som atomerna tillhöra, dettas atomvikt och, nederst i varje cirkel, dess kärnladdning. Siffran t. v. om cirkeln angiver halveringstiden, efter vars förlopp 50 % av ämnets atomer hunnit förvandlas. Arten för sönderfallet antydes genom de med grekiska bokstäverna α och β markerade smärre cirklarna, t. h. nedanför varje atomslag, de förra vita, de senare svarta. Längden av det streck, som förbinder varje alfapartikel med den atom, varifrån den utgår, motsvarar alfapartikelns skottvidd i luft, en för sönderfallet mycket betydelsefull konstant, vartill i det följande skall återkommas.

[1] För enkelhets skull har i detta schema bortsetts därifrån, att urandynastien på två ställen företer en förgrening, i det ett och samma atomslag, genom två olika, parallellt skeende sönderfall, giver upphov till två olika slags avkomlingar. Båda dessa giva emellertid vid sitt sönderfall upphov till identiskt lika atomer så att dynastiens båda grenar återförena sig i en enda. Exempelvis sönderfaller en ringa bråkdel av Ra C-atomerna under alfa-strålning till atomer av ämnet Ra C'', vilka i sin tur under beta-strålning giva atomer av Ra D. I den följande framställningen betecknas för korthetens skull med Ra C såväl detta ämne som dess båda detsamma åtföljande direkta avkomlingar Ra C' och Ra C''.

Ett särskilt intresse tillkommer dynastiens båda sista ättlingar. Nummer två från slutet, som här kallas radium F, är intet annat än det starkt aktiva nya grundämne, som på sin tid isolerades ur pechblende, det viktigaste uranmineralet, av makarna Curie och som kallades polonium efter Mme Curies fädernesland, Polen. Det är ett alfastrålande ämne med relativt långsamt sönderfall, halveringstid 137 dagar, vilket vid radioaktiv jämvikt åtföljer uran och radium i en mängd, som är lika mycket mindre än radiumhalten, som dess halveringstid är kortare än radiums, alltså i proportionen 137 dagar till 1 580 år eller ungefär ett till fyratusen. Det är sålunda ännu mycket sällsyntare än t. o. m. radium och har hittills ej kunnat framställas i synbara mängder. Icke dess mindre förmå starkare poloniumpreparat att åstadkomma mycket märkbara verkningar genom den intensiva alfastrålning de utsända, och de ha fått betydelse såsom strålningskällor för åstadkommande av atomsprängning.

Poloniums avkomling är radium G, som utgör sista ledet i urandynastien och på sätt och vis markerar dennas utslocknande. Detta får icke förstås så, som skulle radium G's atomer avlida utan avkomma, utan tvärt om, de tyckas ha en obegränsad livstid, de äro icke radioaktiva. Vad som utslocknar är alltså egenskapen att vara radioaktiv, vars sista bärare är polonium.

Det händer ej så sällan inom en släkt, att en av dess medlemmar företer en påfallande likhet med någon av sina förfäder två eller flera generationer tillbaka. Detsamma är förhållandet även inom grundämnenas dynastier, men likheten är där så utomordentlig, att de ifrågavarande atomslagen förete absolut lika egenskaper i kemiskt avseende och giva fullkomligt överensstämmande optiska spektra och röntgenstrålar. Denna likhet benämnes *isotopi* och är icke begränsad till element, som stå i genetiskt förhållande till varandra, ehuru det först upptäcktes i fråga om radioaktiva element och dessas inaktiva avkomlingar. Sålunda är radium G fullkomligt omöjligt att på kemisk väg skilja från vanligt bly, men dess atomvikt 206,0 avviker med mer än en atomviktsenhet från det vanliga blyets, som är 207,2.

Orsaken till dylik isotopi är den, att det icke, som man tidigare antog, är atomens massa, atomvikten, vars storlek är bestämmande för ett grundämnes kemiska egenskaper utan i stället dess elektriska laddning, det s. k. kärntalet, som är lika med atomens ordningsnummer i periodiska systemet. Denna laddning bestämmer nämligen antalet och grupperingen av de elektroner, som utgöra atomens yttre regioner och som förmedla dess förbindelse med yttervärlden. Atomer med samma kärnladdning tillhöra därför isotoper av ett och samma grundämne, så kallade, emedan dylika atomslag måste tilldelas en och samma plats i det periodiska systemet. Därvid kunna olikheter i atomvikt om en eller flera enheter förekomma.

Granskar man urandynastiens stamtavla närmare skall man finna, att flera av dess medlemmar äro isotopa med varandra eller med andra element. Sålunda äro uran I och uran II isotoper, då de båda ha kärntalet +92, ehuru deras atomvikter skilja sig med 4 atomviktsenheter, motsvarande massan av den från uran I förlorade alfapartikeln. Uran X_1 och jonium äro båda isotopa med torium, stamfadern för den andra stora radioaktiva dynastien. Radium A och radium C′ äro isotopa med polonium, radium B och radium D äro isotopa både med radium G och med vanligt bly, radium C och radium E äro vismutisotoper. Dessutom finnas flera exempel på isotopi mellan medlemmarna av urandynastien å ena sidan och torium- samt actiniumdynastiernas ättlingar å den andra. Exempelvis ha båda de sistnämnda var sin gasformiga emanation, isotop med radiums, men med annan atomvikt. Utom i fråga om atomvikten visa isotoperna bland de radioaktiva ämnena även olikheter i fråga om arten av sitt sönderfall. Sålunda giva de tre nämnda emanationerna[1] visserligen alla alfapartiklar, men dessas räckvidd och sönderfallets tempo är högst olika. Radiumemanationen sönderfaller till hälften på 3,8 dagar och ger alfapartiklar om räckvidden 4,1 cm, toriumemanationen har halveringstiden 54 sekunder och dess alfapartiklar nå 5,0 cm, under det actiniums emanation halveras till mängden på knappt 4 sekunder och dess alfapartiklar ha en skottvidd om nästan 5,8 cm.

Toriumdynastien har stora likheter med urandynastien. Stamfadern, elementet torium, vars oxid fått teknisk användning för Auerbrännarnas glödstrumpor, sönderfaller ännu långsammare än uran, halveringstiden är nära tretton miljarder år. Det förvandlas över fyra mellanled till den redan omnämnda toriumemanationen, vars närmaste avkomlingar i likhet med motsvarande ämnen inom urandynastien, benämnas torium A, B och C och äro parvis isotopa med dessa, med vilka de dessutom visa likheter i fråga om arten av den strålning de utsända[2]. Slutprodukten, torium D, synes vara in-

[1] En nyare benämning för de tre emanationerna, vilken emellertid ännu ej blivit allmänt vedertagen, är radon, toron och acton.

[2] En likadan klyvning genom dualt sönderfall som skildrats i noten å pag. 27 för radium C förefinnes även inom torium- och actiniumserierna. I båda fallen återförenas grenarna i den inaktiva slutprodukten, torium D och actinium D.

aktiv och är en blyisotop, vars atomvikt, 208, är nära en atomviktsenhet tyngre än vanligt bly. Även actiniumseriens inaktiva slutprodukt är isotop med bly, men dess atomvikt har ända hittills ej kunnat med säkerhet angivas. Även i andra avseenden företer actiniumserien analogier med de båda andra; emanationens närmaste avkomlingar, actinium A, B och C, äro isotopa med de liknämnda elementen i uran- och toriumdynastierna.

De stora likheter, som förefinnas mellan de tre radioaktiva serierna, vilka här omnämnts, låta ana en gemensam lagbundenhet i deras atomers innersta byggnad, varöver talrika förmodanden framställts, ehuru ingen tillfredsställande förklaring hittills kunnat givas. Över huvud taget är orsaken till det radioaktiva sönderfallet ännu ett stort mysterium och kommer efter allt att döma länge att så förbliva. Det område varinom det utspelas och vars hemligheter måste utforskas, innan en förklaring kan ernås, atomkärnans inre, är ytterligt svåråtkomligt för våra nuvarande undersökningsmedel.

En fråga, som ävenledes i hög grad sysselsatt forskningen är den, om de övriga grundämnena, som icke tillhöra de nämnda radioaktiva dynastierna, verkligen äro inaktiva, eller om de undergå ett sönderfall så långsamt, att det undandrager sig våra iakttagelser. Alla hittills gjorda försök att påvisa en radioaktiv strålning från andra element ha misslyckats utom i två fall, alkalimetallerna kalium och rubidium, vilka båda utsända en svag men fullt märkbar betastrålning. Beträffande övriga grundämnen gäller för närvarande den uppfattningen, att deras inaktivitet är verklig, d. v. s. att deras atomer under de fysikaliska förhållanden, vid vilka vi kunna studera dem, äro obegränsat stabila, eviga.

För att i fråga om de aktiva atomerna än en gång använda bilden av radioaktiviteten som en ärftlig sjukdom, så kunna vi sammanfattande säga, att denna förlöper med högst olika snabbhet hos olika atomslag, men alltid efter samma stränga statistiska lagar, i det för varje tidsenhet en viss bestämd bråkdel av de förhandenvarande atomerna sönderfalla. Varje försök som gjorts att medelst yttre ingrepp förändra storleken av denna bråkdel och därmed påverka omvandlingens tempo har fullkomligt misslyckats. Obevekligt som ödet fortsätter sönderfallet att skörda sina offer bland atomerna av varje medlem i en radioaktiv dynasti. Detta gör å andra sidan den radioaktiva processen till en i vissa avseenden oöverträffbar tidmätare.

Det radioaktiva sönderfallet en klocka för geologien.

Den ordningsföljd, i vilken bergarter och jordlager, bildade under gångna skeden av geologisk utveckling, ligga ordnade, ävensom arten av de lämningar av levande varelser, som vissa av dem innesluta, har gjort det möjligt att skapa en slags geologisk tidräkning med ungefärlig uppskattning av de olika skedenas längd. Dessa beräkningar giva emellertid rätt obestämda tal. Endast för vissa epoker, speciellt de senaste tiotusen åren, har i många fall en exakt kronologi kunnat åstadkommas, framför allt genom undersökningar av G. De Geer och hans skola. För äldre geologiska perioders längd äro tidsbestämningarna högst ungefärliga, och detta gäller i ännu högre grad för vårt jordklots ålder, varmed man menar den tid, som förflutit, sedan den fasta jordskorpan började bildas. Därvidlag ha beräkningarna, grundade dels på antaganden om jordklotets avkylning från ett ursprungligen glödande tillstånd, dels över solens värmehushållning givit värden om »endast» några tiotal miljoner år. Icke blott geologer utan även och i ännu högre grad paläontologer och biologer ha förklarat denna tidrymd vara alltför kort för att bereda utrymme för de förvandlingar, som jordskorpan och det liv den hyst ha genomgått. De kräva mångdubbelt högre värden enbart på den tid, som måste antagas ha förflutit, sedan jorden först blev bebodd av levande varelser.

Den förutnämnda egenskapen hos det radioaktiva sönderfallet att vara en klocka, som icke kan gå galet, har möjliggjort att medelst bestämningar av mängden radioaktiva sönderfallsprodukter, som finnas anhopade i mineral innehållande aktiva ämnen, direkt i år, eller åtminstone i miljontals år, beräkna den tid, som måste ha förflutit från mineralets bildning, för att ifrågavarande produkter skola ha hunnit alstras. Man behöver för ändamålet endast uppmäta mängden av den radioaktiva dynastiens förste representant, uran eller torium, som finnes i bergarten och så den förefintliga mängden av endera av dess inaktiva slutprodukter. Dessa äro, såsom redan visats, tvenne, dels helium, som i form av alfapartiklar, åtta till antalet för varje till radium G övergången uranatom, successivt avskiljes, dels slutprodukten i kedjan, uranbly eller torbly.

Heliummetoden innebär den fördelen, att mängden av detta gasformiga ämne är relativt lätt att mäta; man behöver för ändamålet endast bringa det undersökta mineralet i smält eller löst form och uppsamla gasen, som har en förhållandevis rätt stor volym. Däremot ger heliummetoden värden, som i allmänhet äro för små, då en förlust av den ansamlade heliumgasen genom fina springor i mineralet alltid är möjlig under de ofantliga tidrymder, som det är fråga om. Bestämningen av radium G, respektive torium D, är en säkrare men vida besvärligare metod, då ifrågavarande blyisotoper i regel förekomma tillsamman med varandra och därtill blandade med vanligt bly. Man måste därför tillgripa en atomviktsbestämning för att avgöra, huru mycket tillblandningen av det lättare uranblyet eller av det tyngre torblyet förskjutit blyets atomvikt under eller över dess normala värde. Utförda med tillräcklig precision och på mineral, som innehålla övervägande endera av de båda dynastierna och äro nästan fria från den andra, giva sådana blybestämningar ålderssiffror om hög tillförlitlighet.[1]

Resultaten av dylika åldersbestämningar ur radioaktiva data ha givit värden, som till sin inbördes storlek stämma väl överens med den på helt andra grunder funna geologiska ordningsföljden, men som ligga långt ovanför de nyssnämnda siffrorna för jordklotets förmodade ålder och å andra sidan fullt motsvara de från olika fackmäns sida ställda anspråken på en längre tidsskala. Flera hundra miljoner år är ingen ovanlig ålder för erruptiva mineral, och för de av andra skäl såsom särskilt gamla ansedda, »arkäiska» bergarterna ha värden betydligt överstigande en miljard år funnits.

Vårt jordklots totala ålder måste alltså säkerligen

[1] Så har en av de främsta representanterna för radioaktiv forskning inom Skandinavien, Docent Ellen Gleditsch i Kristiania för några år sedan offentliggjort åldersbestämningar för tre radioaktiva mineral från olika norska fyndorter, vilka gåvo värden om respektive 960, 1 035 och 1 016 miljoner år, vari osäkerheten torde uppgå till högst några tiotals miljoner år.

räknas åtminstone i miljarder år, icke i futtiga tiotal miljoner, som man ännu för ett par decennier sedan var benägen antaga. Men dessa höga ålderssiffror ha återverkat på annat håll. Solens ålder måste naturligtvis vara ännu högre än vår jords, och den stora svårigheten blir då att förklara, hur dess slöseri med strålande värme kunnat fortsättas under så ofantliga tidrymder och ännu kan fortgå. Detta bringar oss i beröring med de kosmiska energiproblemen, över vilka radioaktiva iakttagelser kastat en alldeles ny belysning, och vartill vi skola återkomma i detta arbetes avslutande kapitel.

Alfastrålarna.

Betrakta med i mörker utvilade ögon genom ett förstoringsglas en smula av den självlysande färg, varmed siffror och visare på en s. k. radiumklocka äro bestrukna! Det skenbart jämna, om en lysmask påminnande, grönaktiga skimret från färgen visar sig under luppen bestå av ett otal små ljuspunkter, vilka över allt blixtlikt uppflamma och slockna, ett gnistrande stjärnregn i smått. Liksom stjärnskottet, meteorens uppflammande på himlavalvet, förorsakas av en projektil utifrån universum, upphettad till vitglödgning genom att dess stora hastighet bromsas i vår luftkrets, så giva också radiumfärgens små gnistor eller »scintillationer» vittnesbörd om en skottlossning, men av helt annat slag. De alstras av projektiler från mikrokosmos, från atomernas värld, vilkas anslag mot kristallkorn av zinksulfid, huvudbeståndsdelen i lysfärgen, bli märkbara, därigenom att den ofantliga hastigheten hos projektilen nedbromsas och dess rörelseenergi till en del omsättes i ljus.

Det är alltså verkan av *enstaka atomer,* som en blick genom luppen förråder för vårt öga, eller riktigare verkan av enstaka fragment utslungade från ett radioaktivt ämnes sönderfallande atomer. Ett sådant måste nämligen, om ock i ytterligt ringa mängd, tillsättas färgen för att lysandet skall komma till stånd, och det är de därifrån utslungade alfapartiklarna, som med en fart om tio till tjugu tusen kilometer i sekunden slå in i zinksulfidkristallerna och bringa dem att utsända en kortvarig ljusglimt.

Liksom beta- och gammastrålarna äga även alfastrålarna förmågan att tränga genom materiella hinder, men de hejdas mycket lättare än de båda förstnämnda strålningsslagen. Under det hårda betastrålar kunna påvisas genom millimetertjocka metallskikt och gammastrålarnas mest genomträngande komponenter äro märkbara ännu efter passage genom en decimeter bly, så hejdas alfapartiklarna fullständigt redan av ett luftskikt om några centimeters tjocklek. Sålunda förmå de snabbaste alfapartiklar, som utgå från något element av urandynastien, de från radium C′, att genomtränga ett luftskikt om knappt 7 centimeter, förutsatt att luftens temperatur är 15° och dess tryck normalt. Samma partiklar hejdas fullständigt av ett glimmerblad om tjockleken 0,04 mm, vilket därför säges ha en »luftekvivalent» om 7 centimeter. Mellan alfapartiklarnas räckvidd i luft och deras hastighet råder ett enkelt samband, upptäckt av H. Geiger, enligt vilket räckvidden i luft är proportionell mot kuben på hastigheten eller $R = C \times V^3$, där R är räckvidden i centimeter, V hastigheten i cm per sekund och C en proportionalitetsfaktor. För ett och samma alfastrålande ämne är partiklarnas begynnelsehastighet, varmed de lämna den sönderfallande atomen, alltid densamma, men den varierar från ett ämne till ett annat och nästan genomgående så, att ju snabbare sönderfallet sker, desto större är partiklarnas hastighet och följaktligen också desto längre deras räckvidd. Sålunda ha alfapartiklarna från det långsamt sönderfallande ämnet uran I en räckvidd om endast 2,7 cm (hastighet 14 000 kilometer i sekunden) varemot det ofantligt snabbt sönderfallande radium C′ ger alfapartiklar, vilkas räckvidd såsom ovan omnämnts är 7 cm (hastighet 19 200 km/sek.). Det ännu hastigare sönderfallande torium C′ ger alfapartiklar om räckvidden 8,6 cm i luft (hastighet 20 600 km/sek).

Alfapartikelns bana i luft är nästan ända till slutet så gott som rak. Enligt från molekylarfysiken kända data kan man beräkna, att en Ra C′-alfapartikel på sin 7 cm långa väg måste råka flera hundratusen atomer av de i luften förekommande gaserna, övervägande syre och kväve. Om dessa möten vore av samma typ som de vid värmerörelsen förekommande stötarna, så borde redan vid första mötet partikeln bli elastiskt återkastad i en helt ny riktning och en stor del av dess rörelseenergi överföras på den träffade atomen. Den omständighet, att alfapartikeln bibehåller sin rörelseriktning oförändrad och endast så småningom förlorar sin hastighet visar, att dess möten med atomerna i dess väg ha en helt annan karaktär, i det partikeln *flyger rakt igenom dem.* Den nästan fullkomliga elasticitet, som atomerna visa vid stötar av vanlig styrka, sakna de fullständigt gent emot anslag så våldsamma som alfapartikelns, vilken nästan motståndslöst genomborrar hundratusentals atomer efter varandra.

Alldeles opåverkad blir den genomskjutna atomen likväl ej. I många fall blir en av dess elektroner av den genomflygande alfapartikeln dragen utanför atomen, så att denna kvarlämnas såsom en positivt laddad jon. Sålunda alstrar en snabb alfapartikel längs varje centimeter av sin bana i en gas tiotusentals joner och gör den därigenom till en ledare för elektriciteten. Denna jonisering erfordrar emellertid en viss arbetsprestation från alfapartikelns sida, vilken sker på bekostnad av dess rörelseenergi. På detta sätt minskas dess hastighet efter hand och till sist förlorar den förmågan att rätlinjigt genomflyga mötande atomer och blir allt mer avböjd ur sin flygriktning för varje ny atompassage. Den beskriver då en zickzackrörelse, vars hastighet mycket snart nedgår till värmerörelsens vanliga tempo. Samtidigt undergår alfapartikeln själv en förändring, i det dess båda elektriska laddningar efter hand bli neutraliserade genom infångandet av först en, sedermera ännu en elektron, bortrövade från genomflugna atomer. Vid slutet av sin flygbana är därför alfapartikeln elektriskt neutral, d. v. s. den har övergått till en vanlig atom av ädelgasen helium.

Alfapartikelns förmåga att jonisera luft och andra ämnen, varigenom den passerar, har givit möjlighet till utvecklingen av ytterst känsliga elektriska och andra metoder för iakttagelser av alfapartiklar och räkning av deras antal. Den i figur 8 återgivna fotografien visar två silketofsar, vilka bådadera uppladdats till ungefär 30 000 volt, så att deras trådar genom den elektrostatiska repulsionen kommit att stå åt alla håll. Ett svagt radioaktivt preparat, som hålles intill den

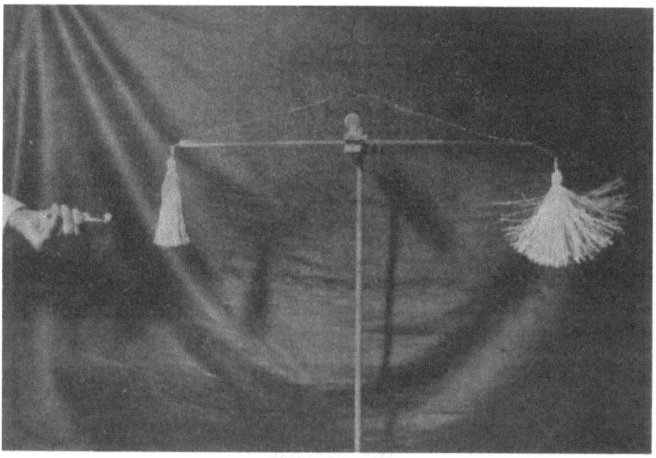

Fig. 8. Radiumstrålning gör luften elektriskt ledande.

ena tofsen, t. v. i figuren, åstadkommer en jonisation tillräckligt stark för att avleda dess elektriska laddning, varvid trådarna ögonblickligen falla samman.

Även alfapartiklarnas förmåga att svärta fotografiplåten liksom att få zinksulfidens kristaller att scintillera beror av den jonisation de framkalla.

Synnerligen påtagliga exempel på alfastrålningens fotografiska verkningar erhåller man genom att låta ett litet fragment av ett radioaktivt ämne under någon tid vila på en fotografiplåts yta. Sedan plåten framkallats och fixerats synas under mikroskopet svärtade strimmor utgående åt alla håll från den punkt, där kornet legat, markerande banor för utslungade alfapartiklar, figur 9. Ordnas försöket så, att endast ett fåtal partiklar infalla nästan parallellt till plåtens yta, så kunna banorna för individuella alfapartiklar iaktta-

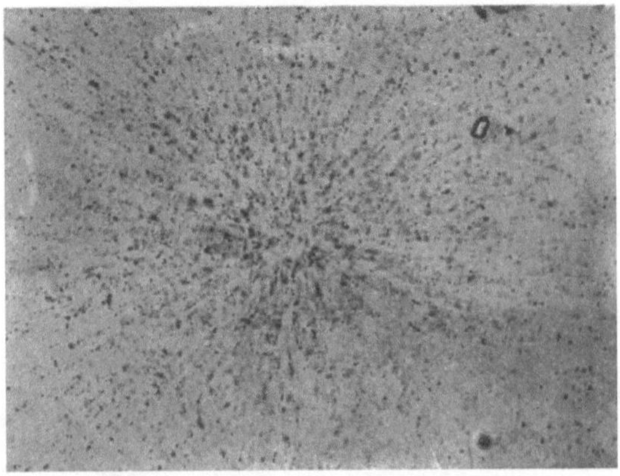

Fig. 9. Fotografisk verkan av alfapartiklarna från ett poloniumkorn. Mikrofotografi.

gas i form av rätlinjigt ordnade svarta punkter, bromsilverkorn, som efter varandra genomflugits av en och samma partikel och därigenom blivit framkallningsbara.

En långt elegantare metod att göra banorna för individuella alfapartiklar och andra snabba korpuskler synliga för ögat har utvecklats av Cambridgefysikern C. T. R. Wilson. Man begagnar sig därvid av vattenångans egenskap att vid sin kondensation bilda droppar runt elektriskt laddade partiklar. Om fuktig luft får hastigt utvidga sig, blir den som bekant avkyld, vanliga orsaken till molnbildning i atmosfären, och det vatten, som icke längre kan bibehållas i gasform, övergår till små vattendroppar. Finnas stoftpartiklar närvarande avsätter sig runt varje sådan en liten vattendroppe, saknas stoftpartiklar så försvåras droppbildningen, men vid tillräcklig övermättning väljer vattenångan i stället joner till kondensationscentra, ifall sådana finnas närvarande. Genom att i en kammare med glaslock avkyla fuktig luft genom en hastig utvidgning av densamma och samtidigt låta alfastrålar infalla, ernådde Wilson, att de joner dessa alstra längs sin bana bleve markerade med små vattendroppar. Vid lämplig belysning blevo på så sätt banorna synliggjorda i form av dimstrålar, vilka kunde fotograferas. Figur 10 *a* visar en reproduktion från en sådan Wilsonfotografi, varvid alfastrålarna utgingo från en i kammaren införd metalltråd aktiverad med emanationens avkomlingar radium B och C. Några i luften kringflygande emanationsatomer ha avgivit enstaka alfapartiklar, vilkas banor även synas å bilden. Figur 10 *b* visar en detalj från en liknande fotografi i större skala. Wilsonmetoden har visat sig vara ett av de fruktbaraste undersökningsmedel som radioaktiviteten känner, i det den möjliggjort studier icke blott av alfapartiklarna och deras banor utan även av beta-, gamma- och röntgenstrålningen och därjämte på sista tiden kunnat utnyttjas för undersökningar över atomsprängningen och dess mekanism.

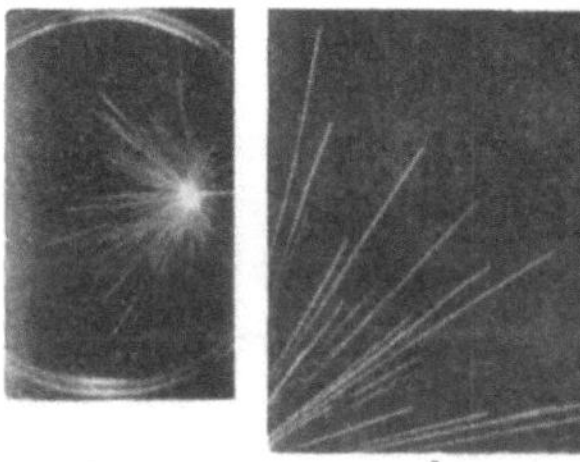

a *b*

Fig. 10. Alfapartiklars banor synliggjorda som dimstrålar. Wilsonfotografi.

För forskningen över materiens byggnad har alfapartikeln fått en utomordentlig betydelse såsom en sond, varmed atomens inre, för annan iakttagelse oåtkomliga regioner kunnat undersökas. Därjämte har alfapartikeln visat sig vara i stånd att, tack vare sin höga slagkraft, intränga ända till atomens centrum och där framtvinga en splittring av själva atomkärnan, varigenom för första gången en elementförvandling på artificiell väg åstadkommits.

ATOMERNAS SPRÄNGNING

Alkemiens pånyttfödelse.

Under många århundraden var den starkaste sporren till forskningar över materiens sammansättning hoppet att kunna framställa »livselixiret» och att finna »de vises sten». Det förra skulle, trodde man, skänka botemedel mot alla sjukdomar och en evig ungdom, det skulle gottgöra våra första föräldrars fatala missgrepp, då de i paradiset valde kunskapsträdets frukt i stället för livsträdets. Den senare äger förmåga att förvandla eller »transmutera» oädla metaller till guld och därigenom skänka sin innehavare omätliga rikedomar.[1] Med alkemiens övergång till kemi såsom en empirisk vetenskap, krossades illusionen om de vises sten och ersattes av en nästan lika bergfast tro på omöjligheten av att åstadkomma någon transmutation. Atomens oföränderlighet och eviga varaktighet blev till en naturvetenskaplig dogm, och tvivel på dennas riktighet var kätteri. Men var religion har, lyckligtvis, sina kättare, och avvikande meningar i fråga om ele-

[1] Intressant är att denna tro på möjligheten återvinna en svunnen ungdom genom ett livselixir, som föll i misskredit när medicinen började utvecklas till en modern vetenskap, på senaste tiden, samtidigt med transmutationstankens förverkligande, uppkommit till förnyad diskussion. Säkerligen skulle Steinachs och Voronows föryngring av åldringar på operativ väg förefallit deras medeltida föregångare lika absurd, som någonsin den nu genomförda elementförvandlingen hade synts för en alkemist.

mentförvandlingens möjlighet uttalades öppet av flera forskningens stormän.

För över ett århundrade sedan framlade den engelske läkaren och kemisten Prout den hypotesen att väte, det lättaste av alla elementen, även är det urämne, »proton», av vars atomer de andra, tyngre grundämnenas äro uppbyggda. Den omständighet att många av de då endast ofullkomligt kända atomvikterna voro jämna mångfalder av vätets, syntes starkt tala för Prouts antagande. Detta stöd bortföll likväl, sedan noggrannare atomviktsbestämningar, framför allt av Berzelius och hans skola, visat, att flera betydande avvikelser från denna regel otvivelaktigt finnas. Först genom Cambridgefysikern Astons lysande upptäckter, ett helt sekel efter Prout, blev denna invändning mot hypotesen vederlagd, i det heltalsregeln befanns gälla med stor noggrannhet för så gott som alla undersökta element. De grundämnen, vilkas atomvikter befunnits vara brutna tal, kunde Aston visa vara blandningar av kemiskt oskiljbara, »isotopa» atomslag, vart och ett med heltalsvärden på atomvikten. Isotopblandningens atomvikt, som man på kemisk väg bestämmer, är endast ett statistiskt medelvärde ur de däri ingående isotopernas atomvikter.

Synnerligen märkligt är att Sir William Crookes, vars undersökningar över den »strålande materien» i det elektriska urladdningsröret ledde till upptäckten av elektronerna, klart och tydligt uttalat möjligheten av isotopiförhållanden ett kvarts sekel före det första exemplet därpå blev påvisat. Crookes trodde väl själv på en elementförvandling, men han förlade denna till andra världar, till solens och fixstjärnornas väldiga smältugnar för materien, där temperaturer existera, till vilka vi i laboratoriet icke kunna ernå någon motsvarighet. På den av honom själv framkastade frågan om en förvandling av grundämnen kunde påvisas i naturen här på vår jord, svarade Crookes nekande. Ett årtionde senare bringade Becquerels upptäckt av de radioaktiva fenomenen det första exemplet på en sådan, frivilligt skeende förvandling av grundämnen, vars tillvaro Crookes betvivlat.

Upptäckten av radioaktiviteten gav ny fart åt transmutationstanken. När en elementförvandling av sig själv oupphörligt utspelas i naturen, vilket visar att åtminstone somliga atomer icke äro eviga och oföränderliga, så borde det vara möjligt att genom mänskliga åtgöranden igångsätta liknande processer, att framtvinga ett elementens sönderfall. Alla försök härtill syntes emellertid misslyckas. Dels fann man sig snart nog vara fullkomligt maktlös redan i fråga om det radioaktiva sönderfallets förlopp. Alla ansträngningar att påverka dettas riktning eller hastighet voro fåfänga. Men än vidare, den ofantliga energiutveckling som åtföljer detta sönderfall, hundratusentals gånger större än då ett högbrisant sprängämne exploderar, antydde, att de processer, vid vilka atomer förvandlas, av energetiska skäl ligga oåtkomliga för alla våra ingrepp. Eftersom den snabba alfapartikel, som utkastas från ett radioaktivt ämne, har en hastighet motsvarande värmerörelsen vid en temperatur om sextio miljarder grader, så måste en upphettning med de få tusen grader vi kunna åstadkomma vara absolut betydelselös för processens förlopp, något som också experimenten visade. Att rikta våra löjligt svaga, kemiska, termiska eller elektriska angreppsmedel mot de väldiga krafter, som upprätthålla atomens stabilitet, bör vara lika utsiktslöst, som att försöka rubba ett bergmassiv med ett halmstrå!

Men om också studiet av de radioaktiva fenomenen förstärkte intrycket av vår maktlöshet inför transmutationsproblemet, så hade det å andra sidan satt ett angreppsmedel i forskningens hand ofantligt överträffande alla tidigare kända. De snabba alfapartiklarna representera, såsom här upprepade gånger betonats, energi i en fantastiskt hög grad av koncentration. Kanske kunde man med användande därav få en på annat sätt orealiserbar process i gång och så med det frivilliga sönderfallets hjälp framtvinga ett konstlat sönderfall? Denna tanke synes först ha uppstått hos den store skotske kemisten, Sir William Ramsay,[1] densamme som gemensamt med Lord Rayleigh hade upptäckt den första ädelgasen i atmosfären, argon. Sedermera hade Ramsay genom analys av det radioaktiva mineralet Cleveit lyckats isolera ädelgasen helium, vars gula spektrallinje tidigare av Lockyer påvisats i solens spektrum. Slutligen lyckades han, genom fraktionering av resterna från stora mängder flytande luft, att framställa ytterligare tre ädelgaser, neon, krypton och xenon, varigenom han nästan på egen hand fogat en hel grupp av element till det periodiska systemet.

Ramsays metod för att åstadkomma elementförvandlingen var att tillsamman med vattenlösningar av olika grundämnens salter innesluta större mängder radiumemanation, så att den därifrån utgående strålningen, speciellt alfastrålarna, fick tillfälle att inverka på ifrågavarande grundämnes atomer. Hans bemödan-

[1] Född 1852, professor i kemi vid University College i London, nobelpristagare i kemi år 1904, död 1916.

Fig. 11. Sir William Ramsay i sitt arbetsrum. I bakgrunden små glasbehållare med ädelgaser ur 50 ton flytande luft.

den tycktes krönas av framgång, på spektroskopisk eller t. o. m. kemisk väg trodde han sig kunna upptäcka spår av andra element, som före bestrålningen icke funnits närvarande, och som därför borde ha bildats genom dennas förvandlande inverkan på atomerna, d. v. s. genom en verklig transmutation: av koppar

Fig. 12. Sir Ernest Rutherford.

litium, av torium och zirkon kol, av rent vatten neon. Men dessa rön höllo icke stånd inför kritik från annat håll. Försök utförda under strängare betingelser gåvo negativa resultat, där Ramsay funnit positiva, och man är numer allmänt benägen skriva de sistnämnda på vissa felkällors konto, dem han icke förmått att fullkomligt utesluta.

Senare erfarenheter ha emellertid visat, att Ramsay med genial intuition valt ett alldeles riktigt angreppsmedel, de snabba alfapartiklarnas anslag mot andra atomer, men att hans försök att påvisa omvandlingens resultat gjordes efter allt för okänsliga metoder. Den som har äran av att ha förenat Ramsays angreppsmedel med en tillräckligt skarp iakttagelsemetod för att påvisa atomförvandlingen, icke en masse utan atom för atom, var stormannen inom radioaktivitetens och atomforskningens område, Sir Ernest Rutherford.[1]

Beskjutning av atomer.

De starka elektriska krafter, som kunna upprätthållas inne i det elektriska urladdningsrörets högförtunnade gas, driva de av Crookes först upptäckta negativt laddade partiklarna, elektronerna, bort från katoden med hastigheter om hundratusentals kilometer i sekunden. Den store fysikern Herz, radiotelegrafiens fader, fann, att katodpartiklarna kunna genomtränga tunna metallblad. Hans lärjunge Lenard begagnade sig härav för att låta ett knippe katodstrålar slippa ut ur urladdningsröret, genom att låta dem passera ett tunt blad av aluminium utspänt över ett fint hål i en metallplatta, som var inkittad i glasrörets vägg. Tack vare hålets små dimensioner förmår det ytterst tunna aluminiumfoliet i detta »Lenardfönster» att uthärda tryckskillnaden mellan atmosfären utanför och det nära lufttomma rummet inuti röret, under det att katodpartiklarna kunna tränga ut därigenom och deras egenskaper bli tillgängliga för direkta undersökningar. Att katodpartiklarna på detta sätt förmå genomtränga tunna metallskikt måste förklaras så, att de *passera rakt*

[1] Född på Nya Zeeland 1871, nobelpristagare i kemi 1908, professor i experimentalfysik vid Cavendish-Laboratoriet i Cambridge sedan 1919.

igenom de metallatomer de möta. Lenard begagnade sig härav för att sondera atomernas inre genom att iakttaga, huru katodpartiklarnas flygriktning och hastighet ändras under atompassagen. Han använde m. a. o. de ytterligt snabba och finkalibriga projektiler, som urladdningsröret skaffade honom, till att pejla de för annan iakttagelse otillgängliga djupen i atomernas inre.

Resultaten av Lenards skjutförsök voro mycket egendomliga. Han fann, att tillräckligt snabba katodpartiklar förmå genomflyga tusentals atomer, utan att det övervägande flertalet av partiklarna bli i nämnvärd grad påverkade. Men även av de allra snabbaste projektiler han kunde åstadkomma blev en, om ock ringa bråkdel avböjd från sin rätlinjiga flygbana, somliga t. o. m. direkt återkastade. Lenard tydde detta så, att där inom den annars nästan motståndslöst genomborrade atomen måste finnas något, som i ett ringa antal fall sätter sig till sådant motvärn, att den inkräktande partikeln studsar tillbaka som mot en vägg. Han antog, att dylika motståndskraftiga bildningar, som han benämnde *dynamider,* måste till ett visst antal förefinnas inom varje atom, och han antog vidare, att dessa dynamider bestå av en positiv och en negativ elektrisk laddning parvis förenade. Endast i omedelbar närhet till en dynamid når dess yttre elektriska fält hög intensitet, och det fordras därför, att en katodpartikel råkar komma alldeles intill dynamiden, för att den elektriska kraft den utsättes för skall bli så stark, att en avsevärd riktningsändring i partikelns bana skall bli följden. Sällsyntheten av denna senare tilldragelse tog Lenard som ett bevis för att sannolikheten träffa en dynamid måste vara mycket ringa, eller m. a. o. att atomens inre endast till en försvinnande ringa bråkdel utfylles av »verklig materie», d. v. s. av dynamider. Vad är då återstoden? Enligt Lenard — tomrum! Som ett drastiskt exempel på vart denna uppfattning om atomens byggnad för, beräknade Lenard, att om man medelst tillräckligt starkt tryck kunde hoppressa materie ända därhän, att de inne i dess atomer förefintliga dynamiderna komma att beröra varandra, så skulle en kubikmeter platina kunna rymmas i en volym om några få kubikmillimeter! Även den skenbart mest kompakta materie måste alltså ha en utomordentligt luftig struktur. Demokrits sats, att verkligheten är atomer och tomrum, omformulerades av Lenard därhän: *även atomen själv är till allra största delen tomrum.*

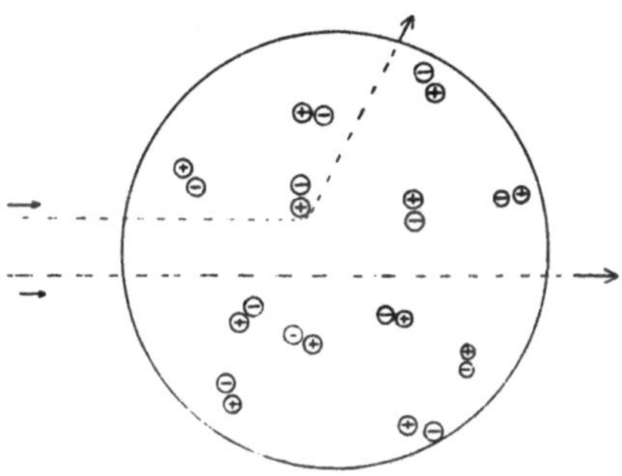

Fig. 13. Lenards atommodell.

Lenards atommodell, varav en schematisk bild med banor för genomflygande katodpartiklar återgives i figur 13, har fått vika för den segrande Rutherfordska atommodellen, men just den mest överraskande av dess egenskaper har bevarats i denna senare, atomens inre såsom en övervägande tom rymd. Ävenså är det Lenards metod att beskjuta atomerna med snabba partiklar, som fört Rutherford till dennes hypoteser, men de projektiler, som den senare använde, voro betydligt grövre än Lenards, alfapartiklar från radioaktiva ämnen i stället för elektroner.

Alfapartikelns märkliga förmåga att passera rätt igenom andra atomer under bibehållande av en nästan oföränderligt rak flygbana har redan omnämnts. Det är klart, att alfapartikeln skall kräva ett mycket starkare motstånd än katodpartikeln för att kastas ur sin bana, då ju dess massa är mer än 7 000 gånger större, 4 × 1 830. Och likväl är detta vad som inträffar vid atompassager om ock i ytterst sällsynta fall. Om ett knippe alfapartiklar får falla in mot ett tunt guldblad om några tusendels millimeters tjocklek, så flyga de allra flesta av partiklarna igenom guldet med helt små riktningsförändringar, men ett ringa fåtal, ungefär en på tiotusen, får sin flygriktning tvärt avböjd med vinklar överstigande 90°, och några bli direkt reflekterade, d. v. s. återkastas i en riktning nära motsatt den ursprungliga.

Rutherford kunde visa, att sådana stora avböjningar uppstå vid passage genom *en enda atom* och sålunda icke äro uppkomna genom summation av ett större antal små men likriktade avböjningar vid flera på varandra följande vanliga atompassager. En snabbt rörlig, elektriskt laddad partikel, sådan som alfapartikeln är, kan få sin flygriktning påverkad av vare sig elektriska eller magnetiska kraftfält, som den passerar igenom. Emellertid visar beräkningen, att styrkan av det magnetfält, som skulle erfordras för att inom rymden av en enda atom tvinga en snabb alfapartikel att vända om, måste ha allt för fantastiskt höga belopp, omkring en miljard gauss[1]. Så återstår som enda rimligt antagande, att de avböjande krafterna

[1] Den vanliga enheten för magnetisk fältstyrka kallas en gauss efter den store tyske fysikern med samma namn. De starkaste konstanta magnetfält man hittills lyckats uppnå med användande av elektromagneter ha en styrka om cirka 70 000 gauss.

inom atomen äro av elektrisk art och bero av en växelverkan mellan alfapartikelns laddning och en inom atomens inre dold elektrisk laddning. Denna senare måste emellertid vara sammandragen till en ytterligt ringa volym, för att dess kraftfält skall få den erforderliga höga intensiteten. Därtill måste den vara förenad med en relativt stor massa, ty annars skulle den kastas åt sidan av alfapartikeln, i stället för att det faktiskt är denna, som studsar tillbaka.

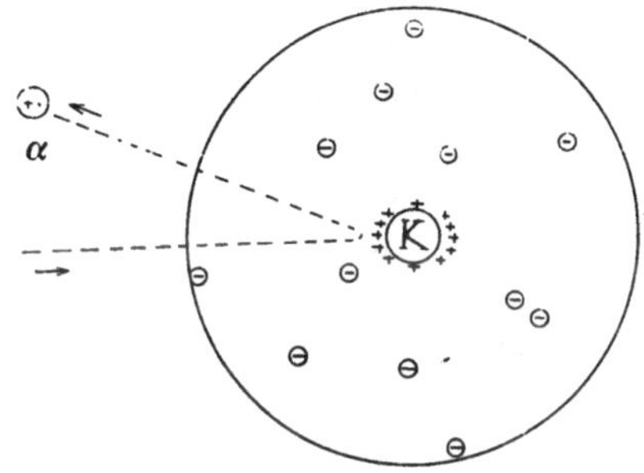

Fig. 14. Rutherfords atommodell.

På detta sätt leddes Rutherford (1911) att framställa sin sedermera så berömda kärnhypotes för atomernas byggnad. Enligt denna är atomens massa koncentrerad till en elektriskt laddad nukleus eller kärna, belägen i atomens centrum, figur 14. Dennas dimensioner måste vara ytterst små även i förhållande till atomens egna (starkt överdrivna i figuren), något som följer av den minimala träffchansen. De negativa elektronerna, vilkas förefintlighet inom atomen de optiska fenomenen förråda, hållas bundna vid kärnan av elektriska krafter. Eftersom de förra äro negativt elektriskt laddade, bör kärnan själv bära positiv laddning. Då alfapartikelns laddning ävenså är positiv, måste kraften mellan denna och atomkärnan vara repellerande, men den blir endast märkbar i de sällsynta undantagsfall, när partikeln råkat träffa atomen så rakt i centrum, att den kommit i omedelbar närhet av kärnan och utsättes för dennas högkoncentrerade kraftfält. Genom att beskjuta atomer av olika slag med snabba alfapartiklar kunde Rutherford visa, att avböjningen, som alfapartikeln undergår, är större och förekommer oftare ju högre atomvikten är. Han slöt därav, att kärnans laddning tilltager med atomvikten och fann, att den förra, uttryckt i elektriska elementarkvanta, är tillnärmelsevis lika stor som atomvikten delad med två.

Utgående från de ovan nämnda enkla grundantagandena beräknade Rutherford huru antalet alfapartiklar, som undergå en avböjning om visst belopp, bör bero av avböjningsvinkelns storlek, av partikelns hastighet och av det beskjutna atomslaget. Två av hans medarbetare, Geiger och Marsden, fingo i uppdrag att pröva teorien genom beskjutning av olika grundämnens atomer med mer eller mindre snabba alfapartiklar under räkning av de partiklar, som avböjts med vissa större eller mindre vinklar. Avböjningens storlek fick så att säga utgöra markeringen för huru många av alfapartiklarna som skjutit prick och träffat kärnan i någon av de genomskjutna atomerna.

Resultatet av dessa mätningar blev en lysande bekräftelse för Rutherfords beräkningar och därmed ett kraftigt stöd för riktigheten av den kärnmodell han föreslagit. Ett annat synnerligen övertygande bevis härför gavs av C. T. R. Wilson medelst den tidigare omnämnda metoden för synliggörande av alfa- och betapartiklars banor såsom dimstrålar i med fuktighet övermättad luft. En berömd detalj från ett av Wilsons fotografier av alfabanor återgives här i figur 15, där man ser en normal, ända till slutet rätlinjigt förlöpande alfabana — nederst i figuren — och därovanför en, som undergått två tydliga avböjningar, den första lindrig, den senare mycket större, så att den träffade kärnan, tillhörande en kväve- eller syreatom i luften, försatts i hastig rörelse. Denna sekundära atomprojektils bana synes som en liten sporre från kollisionspunkten, där alfapartikelns egen bana viker av

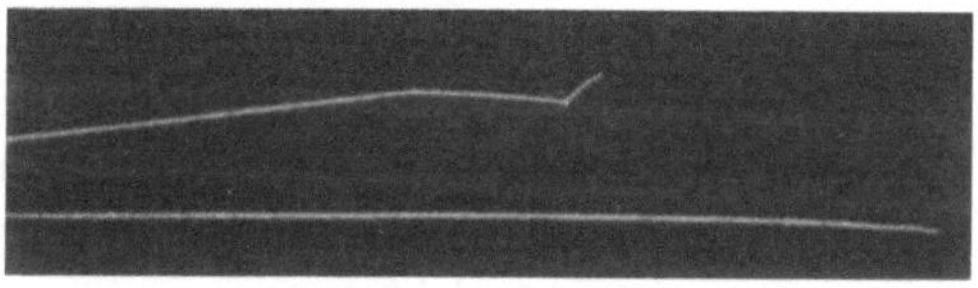

Fig. 15. **Två alfapartiklars banor, den övre visande en kärnkollision.**

skarpt åt sidan, snett uppåt i figuren. Genom noggranna uppmätningar på sådana ytterst sällsynta grenade banor, synliggörande kärnkollisioner i olika gaser, har man senare kunnat studera dessa kollisioners dynamik och bestämma förhållandet mellan de båda kolliderande systemens massor, ett slags atomviktsbestämning *på individuella atomer!* Resultaten från dessa mätningar ha i allt väsentligt bestyrkt riktigheten av Rutherfords kärnhypotes.

Den sålunda skizzerade atommodellen blev snart nog ytterligare utformad tack vare undersökningar av helt annat slag. Genom studiet av våglängderna för den karakteristiska röntgenstrålningen från olika element kunde man visa, huru den därur beräknade kärnladdningen (vilken bestämmer styrkan hos kraften, som håller de svängande elektronerna bundna eller »spänningen i instrumentets strängar») växer med en enhet från element till element, när dessa ordnas i den naturliga följd, som det periodiska systemet för grundämnena angiver. På samma sätt måste också antalet av de elektroner, som omgiva kärnan och bilda atomens yttre regioner tillväxa med en elektron för varje enhets ökning av kärnladdningen, då ju atomen annars icke skulle vara elektriskt neutral. Väte med ordningsnumret I har alltså kärnladdningen + I och en yttre elektron, helium, som är nummer 2, har två laddningsenheter på kärnan och två elektroner bundna vid densamma, litium nummer 3 har kärnladdningen och elektrontalet 3 o. s. v. Uran, som är sista elementet i systemet, har nummer 92 och bär lika många positiva laddningsenheter på sin kärna, som omgives av 92 elektroner.

Huru inom de olika atomslagens yttre regioner elektronerna äro grupperade och om dessas roll såsom bestämmande för atomens kemiska och fysiska egenskaper, speciellt arten av det ljus, som den förmår utsända, har av dansken Niels Bohr utvecklats i en genial teori, varför den här skisserade atommodellen med skäl benämnts den Rutherford-Bohrska. Enligt denna teori äro atomens väsentligaste egenskaper bestämda av dess kärnladdnings storlek, under det atomvikten är en egenskap av mera sekundär betydelse. Särskilt påtagligt är detta förhållande för de isotopa atomslagen, vilka ha samma kärnladdning men kunna skilja sig med flera enheter i sina atomvikter. Såsom tidigare framhållits ha dessa identiska egenskaper i kemiskt avseende och giva alldeles likadana spektra, bortsett från vissa, knappt mätbara skillnader.

De allra flesta arbeten inom atomfysiken under det senaste årtiondet ha behandlat atomernas yttre regioner och ha fört till allmänna föreställningar om grupperingen av de banor, i vilka elektronerna, planeterna

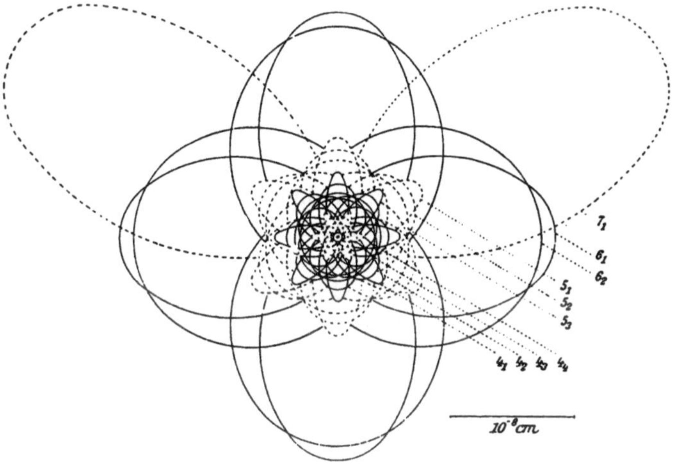

Fig. 16. De 88 »planet-elektronernas» banor runt en radiumatoms kärna enligt Bohrs teori.

i detta mikrokosmos, omkretsa dess sol, atomkärnan. En schematisk bild av banorna för de 88 elektronerna runt en radiumatoms kärna återgivas i figur 16, där den lilla pricken i mitten, ehuru knappt synlig å teckningen, likafullt ger en mycket överdriven föreställning om atomkärnans storlek i förhållande till atomens yttre dimensioner (längden av strecket nederst t. h. i figuren motsvarar en hundramiljondels centimeter).

Genom ingrepp av olika art kan man rubba jämvikten inom detta planetsystem, rycka en eller flera av elektronerna ur deras bana och t. o. m. föra dem helt utanför atomen, varefter denna kvarstår såsom en en- till flervärdig positiv atom-jon. Men förr eller senare ersättas de förlorade elektronerna av andra, som infångas utifrån, och atomen återgår därmed till sitt normala, oelektriska tillstånd. Vilka förändringar man än underkastar atomens elektronhylle, dess individualitet påverkas icke därvid, alla sådana förändringar äro återgående eller, som man säger, reversibla. Endast genom att påverka atomkärnan själv och tvinga denna att ändra sin elektriska laddning, det för dess egenskaper bestämmande kärntalet, kan en verklig elementförvandling ernås. Detta sker av sig själv vid det radioaktiva sönderfallet, i det såväl alfa- som betapartiklarna, som därvid utslungas, komma inifrån kärnan. På artificiell väg kan detsamma åstadkommas endast genom att utsätta kärnan för en sådan påfrestning att den splittras, ett förlopp, som fått namnet atomsprängning.

H-strålarna.

Om en biljardspelare med en rak stöt av köen sänder den röda kulan mitt i centrum på en vit, så tvärstannar den förra, under det den senare fortsätter rörelsen framåt med samma hastighet, som den röda kulan hade före kollisionen. Detta inträffar likväl endast under den förutsättning, som alltid gäller för biljardbollar, nämligen att de äro lika tunga, ha samma tröga massa. Om i stället den vita kulan vore många gånger tyngre än den röda, så komme den nästan icke alls i rörelse, under det den senare skulle återstudsa som från en vägg. I motsatta fallet, vit kula lättare än röd, skulle den vita däremot sättas i en ännu hastigare rörelse än den röda hade, och denna komme ej att tvärstanna, utan att fortfarande röra sig framåt, om ock långsammare än före stöten.

Tänka vi oss kulorna vid ett dylikt biljardspel förminskade några biljoner gånger, så komme deras dimensioner att närma sig dem, som atomernas kärnor antagas ha. Låt den röda bollen föreställa en alfapartikel, d. v. s. en heliumkärna, satt i rörelse vid en radioaktiv atoms sönderfall. Den vita kulan får vara kärnan av en annan atom, som träffas mitt i centrum av alfapartikeln. De allra flesta atomslagen ha en massa, många gånger större än heliums, och resultatet av stöten mot en sådan atom blir därför, att alfapartikeln återstudsar nästan som från en vägg, under det den träffade kärnan försättes i en relativt långsam rörelse. Men antag, att den träffade kärnan tillhör en väteatom, vars massa är fyra gånger mindre än alfapartikelns. Resultatet bör då bli likadant som vid det senare av de ovan nämnda exemplen från biljardspelet med olika tunga kulor. Den lätta vätekärnan måste få en betydligt snabbare rörelse än alfapartikelns egen, enligt beräkningen 60 % högre. Den bör då även och i förstärkt grad förvärva alfapartikelns förmåga att flyga rätlinjigt framåt, genomborrande de atomer, som råka komma i dess väg. Som resultat av en kärnträff mellan en snabb alfapartikel och en väteatom bör uppstå en snabbt flygande vätekärna begåvad med stor räckvidd, en H-stråle (H: den kemiska symbolen för väte, hydrogenium).

Denna konsekvens av Rutherfords kärnteori, tillämpad på ett sådant biljardspel med atomer som här skildrats, drogs av hans medarbetare C. G. Darwin, en sonson till evolutionslärans främste förkunnare. Darwin kunde, stödd på en av Bohr angiven formel för snabba partiklars genomträngningsförmåga, beräkna, att sådana rakt framåtslungade vätekärnor böra få en räckvidd i luft ungefär fyra gånger större än den alfapartikel, som satt dem i rörelse.

Darwins förutsägelse bekräftades genom försök av en annan medarbetare till Rutherford, Marsden, vars tillsamman med Geiger utförda prövning av kärnhypotesen redan omnämnts. Genom att skjuta miljontals snabba alfapartiklar från ett mycket starkt radioaktivt preparat in i sammantryckt vätgas, senare i en starkt vätehaltig fast förening (paraffin), kunde Marsden »krocka» ut enstaka vätekärnor. Dessa visade sig vara så genomträngande, att de medelst scintillationsmetoden kunde iakttagas, sedan de passerat tvärs igenom glimmerblad motsvarande en luftsträcka om nära trettio centimeter, då däremot de för försöket använda alfapartiklarna hejdades fullständigt av ett fjärdedelen så tjockt glimmer. Förhållandet i räckvidd 4 : 1, stämde alltså med Darwins förutsägelse.

I överensstämmelse med vätekärnans mindre massa har man anledning vänta, att en H-partikels verkningar i olika avseenden skola visa sig svagare än alfapartikelns. Detta befanns också vara fallet. Liksom alfapartiklarna utlösa H-partiklarna ljusblixtar vid anslaget mot en zinksulfidskärm, men deras scintillationer, vilka Marsden iakttog, äro betydligt ljussvagare än alfapartikelns och i motsvarande grad svårare att se. Ävenså äro vätestrålarnas joniserande förmåga och inverkan på fotografiplåten mindre kraftig än alfastrålningens, såsom i det följande skall visas. En ytterligare omständighet, som i hög grad försvårar undersökningar över H-strålarna, är deras stora sällsynthet. Marsden fann, att han måste skjuta hundratusen alfapartiklar genom ett centimetertjockt lager vätgas av normal täthet för att därur kunna slå ut en enda snabb vätepartikel. Denna minimala träffchans vittnar om den ringa utsträckningen av såväl alfapartikeln som av väteatomens kärna.

Ett enkelt sätt att demonstrera dylika »naturliga» vätestrålar,[1] som använts i Radiuminstitutet är följande. En liten skiva av silver eller nickel belägges med det starkt radioaktiva ämnet polonium, vilket utsänder en alldeles ren alfastrålning, vars partiklar förmå genomtränga knappt 4 cm luft. Med en mikrotom, sådan som användes av biologerna till att ur djurs eller växters vävnader skära tunna snitt för mikroskopering, göres ett snitt av fast paraffin om några hundradels millimeters tjocklek, vilket fästes vid ett tunt glimmerblad. Dettas tjocklek måste vara sådan, att det enbart för sig är i stånd att hejda alla alfapartiklar från poloniumpreparatet. Lägges detta blad med paraffinsidan nedåt ovanpå poloniumpreparatet, så komma de därifrån utsända alfapartiklarna att till stor del slå in i paraffinet med full styrka, men fastna sedan i glimmerbladet. Däremot blir det fåtal vätekärnor, som inuti paraffinskiktet råkat träffas av alfapartiklar, satta i en rörelse så snabb, att de kunna genomtränga både paraffin och glimmer och ännu äga tillräcklig hastighet för att på en ovanför glimret anbragt zinksulfidskärm alstra synbara scintillationer.

Figur 17 visar en i Wien tagen fotografi av vätestrålarna från paraffin i en tunnväggig glaskapillar, bombarderad med alfapartiklarna från ett starkt, i kapillaren inneslutet poloniumpreparat. H-strålarna ha

[1] Man betecknar de genom enbar stötverkan igångsatta vätepartiklarna ur alfa-bestrålad vätgas eller väteföreningar såsom »naturliga» till skillnad från de genom atomsprängning ur andra grundämnens atomkärnor lösryckta H-partiklarna, atomfragment.

Fig. 17. Fyra fotografier av naturliga vätestrålar från paraffin, synliggjorda enligt Wilsonmetoden.

synliggjorts medelst en modifierad Wilsonanordning, som kommer att beskrivas längre fram i detta arbete. Även för andra undersökningar över H-strålarnas fysikaliska egenskaper ha sådana strålningskällor, polonium-paraffin-glimmer, visat sig vara mycket användbara. De äro nämligen fria från den genomträngande beta- och gammastrålning, vilken utsändes från Ra C och Th C och som försvårar observationerna i flera avseenden.

H-strålarna äro emellertid under alla förhållanden mycket sällsynta, eftersom man, även med fullständigt utnyttjande av alfapartiklarnas slagkraft i tjocka paraffinskikt, icke kan räkna på att få mer än något hundratal snabba vätestrålar för varje miljon alfaammunition som offras. De erbjuda ett mycket stort intresse, då de jämte de negativa elektronerna representera den allra elementäraste formen av materiens byggnadsstenar och därtill äro begåvade med en rörelseenergi, som i fråga om koncentration överträffar t. o. m. alfapartiklarnas egen. I detta sistnämnda avseende stå de endast tillbaka för de vätestrålar, som det först lyckades Rutherford att utspränga ur vissa grundämnens atomkärnor.

Upptäckten av atomsprängningen.

»Sök, och du skall finna — något helt annat än vad du söker!» lyder ett ordspråk från det praktiska livet, vilket icke sällan vetenskapsmannen, sökaren framför andra, finner besannat. De två upptäckter som länkat materieforskningen in på helt nya banor, Röntgens och Becquerels, gjordes båda genom tillfälligheter, och detta kan även sägas vara fallet med den tredje och kanske största upptäckten under detta, på omvälvningar så rika skede av forskningen, Rutherfords fynd av den första atomsprängningen.

Sedan Darwins förutsägelse av de genom kärnträffar mellan snabba alfapartiklar och väteatomer alstrade naturliga H-strålarna bekräftats genom Marsdens försök, låg det nära till hands undersöka, om liknande, genom stötverkan igångsatta kärnor av andra lätta element också kunde iakttagas. Rutherford själv tog upp dessa undersökningar, lät en intensiv alfastrålning från kraftiga preparat av radium C skjutas in i kvävgas, syrgas, luft och kolsyra och sökte iakttaga scintillationer utom räckvidden för de bombarderande alfapartiklarna, 7 cm. Han fann även ett ringa antal sådana, vilka först försvunno, när absorptionen i deras väg ökats till ungefär 9 cm luftekvivalent, och han trodde sig först ha att göra med syre- eller kväveatomer, bärande enkel laddning och satta i gång genom en kärnträff på analogt sätt som H-strålarna. Till en början tycktes kontrollförsök bekräfta denna uppfattning, för vilken även ett stöd bringades genom beräkning av den teoretiska räckvidden enligt samma formel av Bohr, som Darwin tillämpat på vätepartiklarna. Senare försök av Rutherford kunde emellertid icke fås att stämma med denna förklaring, och han har till sist själv visat, att dessa partiklar om 9 cm räckvidd äro ett slags abnormt långtgående alfapartiklar från strålningskällan radium C, vittnande om en hittills ouppklarad avart av dess radioaktiva sönderfall.

Men jämte dessa partiklar, som upphörde utanför räckvidden 9 cm, fann Rutherford vid försök med luft under intensiv bestrålning med alfapartiklar ett ringa antal partiklar om betydligt större genomträngningsförmåga, vilka förrådde sig genom ljussvaga scintillationer alldeles lika dem, som Marsden funnit frambringas av H-strålarna ur väte. Det låg nära till hands antaga, att dessa partiklar verkligen voro naturliga H-partiklar, härstammande från spår av fuktighet eller vätgas i den genomstrålade luften, alltså genom ren stötverkan igångsatta fria vätekärnor. Alla ansträngningar att genom omsorgsfull torkning av luften i försökskärlet avlägsna den förmodade föroreningen misslyckades, och när så i stället för luft, som till 80 % består av kväve, denna gas i ren form utsattes för bestrålningen, visade sig de långtgående partiklarna ökas till antalet i samma proportion som kvävehalten, 100 : 80. Därmed stod det klart för Rutherford, att partiklarna i fråga måste härstamma från kvävet självt, och han tvekade icke uttala det djärva antagandet, att de voro atomfragment, vätekärnor lösryckta ur kvävekärnor till följd av deras våldsamma sammanstötning med snabba alfapartiklar. De svaga ljusgnistor han räknat på scintillationsskärmen utanför alfabombardemangets skottvidd skulle alltså vara de första iakttagna produkterna av en elementomvandling, av en transmutation, ernådd genom den våldsamma slagkraften hos alfapartiklarna, när de någon ytterligt sällsynt gång träffa en kväveatom i kärnan så att denna spränges! Från syrgas och kolsyra kunde inga liknande partiklar iakttagas, kväve var till en början det enda element, som visade sig sprängbart.

Denna Rutherfords upptäckt, kanske den största i hela hans lysande forskarebana, åstadkom ett utomordentligt uppseende inom den vetenskapliga världen. Säkert är, att om den kommit från annat håll och icke burits upp av hans enastående auktoritet, hade den knappast mötts med den tillit, som nu var fallet. Och likväl — att i några enstaka svaga ljusblixtar, räknade på en scintillationsskärm i närheten av ett miljonfalt starkare bombardemang av alfapartiklar, våga se förverkligandet av drömmen från svunna århundraden, bekräftelsen på den Proutska hypotesen och första början till kemiens och fysikens sammansmältande till en ny vetenskap med atomkärnans struktur och upplösning som sitt yttersta mål, tycktes väl vågat även för många beundrare av Rutherfords mästerskap. Men hans fortsatta undersökningar utförda i samarbete med J. Chadwick bevisade snart, att han ännu en gång sett riktigt.

Försök att magnetiskt påverka de långtgående partiklarnas flygriktning visade, att dessa låta sig avböjas åt en sida och i en grad, som inom felgränserna stämmer med den för naturliga H-partiklar funna. Vidare kunde man fastställa, att deras skottvidd överträffar t. o. m. de snabbaste av de sistnämnda partiklarnas. Alfapartiklar från radium C, vilka som bekant ha en räckvidd om 7 cm i luft och förmå att i vätgas alstra naturliga H-partiklar med högst 30 cm räckvidd, de kunna ur ren kvävgas alstra ännu snabbare H-partiklar om räckvidden 42 cm. Men därjämte visade det sig, att ytterligare några grundämnen, som först prövats på den nya effekten med negativt resultat, undersökta under gynnsammare betingelser också gåvo H-partiklar om ännu större skottvidd än kväve. Dessa grundämnen, som samtliga ha relativt låga atomvikter, äro bor, fluor, natrium, aluminium och fosfor. Av dessa utmärkte sig särskilt aluminium såväl genom det större antalet som genom den högre skottvidden på de utslungade vätepartiklarna, i det vissa av dessa kunde märkas ännu när absorberande blad om över 90 cm luftekvivalent införts i deras väg. Absolut taget var utbytet av atomfragmenten ytterligt ringa. För varje miljon alfapartiklar infallande mot en skottavla av aluminium blevo endast två H-partiklar med en räckvidd över 30 cm frigjorda.

Figur 18 ger ett vertikalsnitt genom den enkla apparat, som användes för dessa undersökningar. Hyllet är ett stycke mässingrör, 3 cm i diameter, tillslutet i båda ändar, men på sidan försett med tilledningsrör, genom vilka en gas, som skall undersökas, kan cirkulera genom apparaten. Genom dennas ena ände kan en mässingstav skjutas fram och tillbaka, vilken innerst bär en liten skiva *Q* belagd med radium C, strålningskällan. När fasta substanser skola studeras är ett tunt guldblad utspänt omedelbart framför *Q*, på vars mot *Q* vända yta den substans, som skall undersökas, är anbringad. Mässingrörets motsatta ände är tillsluten av ett lock, genomborrat i mitten. Hålet är täckt med ett blad av tunt glimmer och strax utanför detta befinner

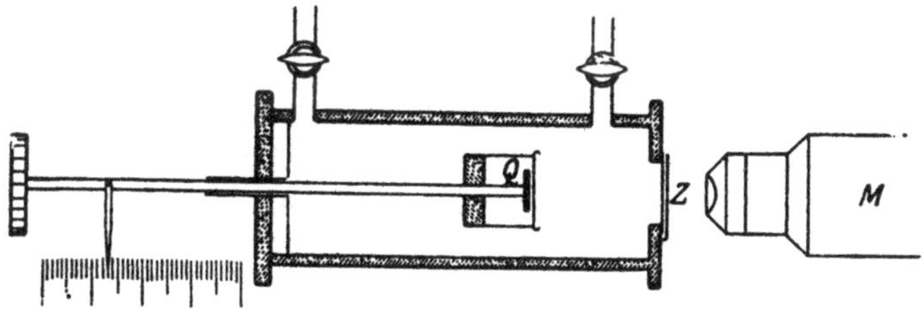

Fig. 18. Rutherfords atomsprängningsapparat.

sig zinksulfidskärmen *Z*, på vilken scintillationer iakttagas medelst mikroskopet *M*. Mellan glimmerbladet, som tillsluter apparaten och skärmen, kunna tunna blad av metall eller glimmer om känd absorptionsförmåga införas i de undersökta partiklarnas väg. Genom att på detta sätt stegra absorptionen låta sig partiklarnas räckvidd bestämmas och en s. k. absorptionskurva uppritas, utvisande hur det iakttagna antalet partiklar minskas när absorptionen i deras väg ökas.

Då aktiviteten hos strålningskällan, radium C, under försökets lopp ständigt avtager, utföras mätningarna med ett alfabombardemang av ständigt minskad styrka. För att i viss grad råda bot härpå är strålningskällan förskjutbar och kan närmas intill zinksulfidskärmen, i den mån som strålningen försvagas, så att utbytet av partiklar skall kunna hållas någotsånär lika. Man måste icke dess mindre, med hänsyn till detta avtagande i strålningens intensitet och till ändringar i platsen för strålningskällan, alltid omräkna resultatet till konstanta betingelser, sådana som skulle råda om alfabombardemanget hela tiden vore lika intensivt och läget oförändrat.

Ett avsevärt antal element utom de sex, som befunnits sprängbara, prövades i samma apparat, men med genomgående negativa resultat. Intet märkbart antal H-partiklar om en räckvidd överstigande 30 cm luft kunde därvid iakttagas. Innanför denna gräns lönade det sig i regel ej att utsträcka prövningen, enär man därvid hade att befara uppträdande av naturliga H-partiklar, vilkas maximala skottvidd ligger ungefär vid

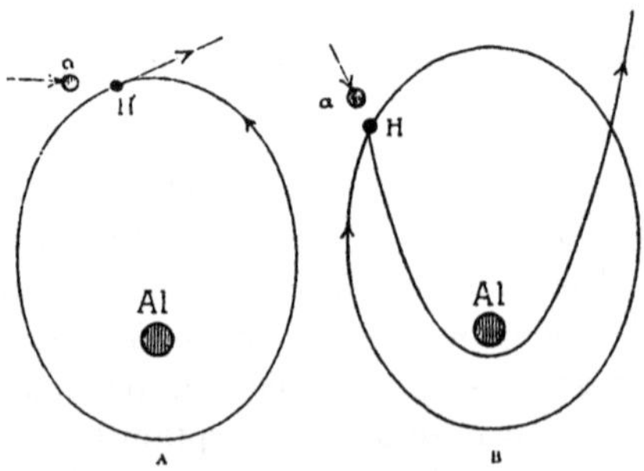

Fig. 19. Huru aluminiumkärnans sprängning tänktes äga rum enligt Rutherfords satellithypotes.

denna gräns. Av dessa negativa resultat med andra element drogo Rutherford och Chadwick den slutsatsen, att endast de sex nämnda grundämnena äro sprängbara, och de satte detta i samband med en särskild struktur, som deras atomkärnor antogos besitta, och som skulle felas hos övriga undersökta element. De antogo nämligen, att den lösgjorda H-partikeln före sprängningen förekommit bunden utanför huvudmassan av den atomkärna den tillhör, omkretsande densamma som en slags »väte-satellit». Alfapartikeln förmodades stöta direkt till denna satellit, och allt efter densammas läge i dess bana runt kärnan giva den en framåt- eller bakåtflygande riktning, såsom den från Rutherfords och Chadwicks avhandling hämtade bilden i figur 19 åskådliggör. Endast de sex sprängbara elementen skulle vara försedda med en dylik väte-satellit åtkomlig för den annalkande alfapartikeln. De övriga grundämnena skulle antingen alldeles sakna en sådan satellit, eller ock antogs denna röra sig i så omedelbar närhet intill kärnan, att den vore oåtkomlig för alfapartikeln. Slutsatsen som kunde dragas härav rörande möjligheten åstadkomma en sprängning av andra grundämnens atomer blir nödvändigtvis rätt pessimistisk. Rutherford och Chadwick ansågo att detta troligen endast kunde ernås med ännu snabbare alfapartiklar än de begagnat (torium C-partiklar om 8,6 cm räckvidd). Då emellertid sådana ej finnas, föreföll det som om sprängbarhet praktiskt taget vore en undantagsegenskap inom periodiska systemet, begränsad till de sex element, som redan visat sig kunna omvandlas.

Försök med atomsprängning, sådana de här skildrats, erbjuda stora tekniska svårigheter och talrika felkällor. Dels äro de använda alfastrålande preparaten mycket starka, motsvarande flera tiotal milligram radium i begynnelsestyrka. Att framställa så starka strålningskällor är icke lätt och därtill kommer, att minsta spår av radioaktivt material, fast eller gasformigt, som under försökets gång kan råka lösgöras från strålningskällan och nå till andra delar av apparaten, s. k. »radioaktiv smitta», kan åstadkomma en oavsedd alfastrålning nående fram till zinksulfidskärmen, vars scintillationer förrycka mätningens resultat. Vidare utgår som bekant från radium C-preparatet utom alfastrålningen även en stark beta- och gammastrålning, vilka bådadera åstadkomma ett diffust lysande av zinksulfiden. Mot denna bakgrund är det svårt att iakttaga de ljussvaga scintillationer, som H-partiklarna framkalla, och då lysandet avtager i samma grad som preparatstyrkan minskas, arbetar man under loppet av ett försök med föränderliga siktbarhetsförhållanden, i det skärmens diffusa lysande oupphörligen försvagas. Betastrålningen kan visserligen avböjas, innan den når skärmen, genom att hela apparaten placeras i ett starkt magnetfält, men med gammastrålningen är detta icke möjligt. Slutligen kräver i och för sig räknandet av de svaga ljusblixtar, som H-partiklarna framkalla, goda och i mörker fullständigt utvilade ögon. Vid längre observationsserier inställa sig lätt trötthetssymptom nödgande till observationernas avbrytande.

Förbättringar av tekniken för scintillationsräkningar har varit ett huvudvillkor för att kunna föra dessa undersökningar vidare och försök härtill ha oavlåtligen gjorts såväl i Cambridge som i Wien. Icke dess mindre lider metoden fortfarande av vissa svagheter, till vilka helt säkert den bristande överensstämmelse, som ännu till dels förefinnes mellan de på båda forskningsställena funna resultaten, i främsta rummet måste hänföras.

Fortsättningen av atomsprängningen i Cambridge och i Wien.

De från ett radioaktivt ämne kommande alfapartiklarna utmärkas av en viss bestämd begynnelsehastighet och en däremot svarande skarpt bestämd räckvidd. För H-partiklarna från sprängda element gäller däremot, att räckvidden är högst olika, så att när absorptionen i deras väg gradvis ökas, minskas antalet iakttagbara partiklar, till dess det slutligen blir för litet för att kunna bestämmas. Denna atomfragmentens olikhet i räckvidd åskådliggöres enklast genom en s. k. absorptionskurva uppritad på följande sätt. Längs den ena av två mot varandra vinkelräta axlar avsättes

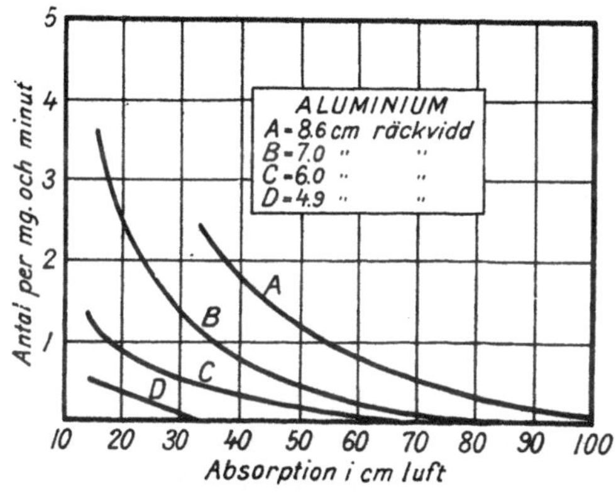

Fig. 20. Absorptionskurvor för vätepartiklar utsprängda ur aluminiumatomer med alfapartiklar av olika räckvidd.

en sträcka motsvarande det antal partiklar som äro synliga, när en viss absorption är införd i deras väg framför scintillationsskärmen. Längs den andra axeln avsättes absorptionens värde i centimeter luft. En serie dylika kurvor, hämtade från Rutherfords och Chadwicks undersökningar över aluminiums sprängning med alfapartiklar av olika hastighet, återgives i figur 20. För varje försöksserie med alfapartiklar av viss räckvidd har en kurva uppritats, utvisande huru antalet av de alstrade H-partiklarna minskades med ökad absorption i deras väg.

Såsom framgår av figuren erhöllos de mest långtgående atomfragmenten medelst beskjutning med de snabbaste alfapartiklarna. Sålunda kunde med alfapartiklar om räckvidden 8,6 cm, kurva A, enstaka atomfragment iakttagas ännu när glimmer av en tjocklek motsvarande 90 cm luft införts framför scintillationsskärmen. Med alfapartiklar om räckvidden 6 cm var den största absorption vid vilken atomfragment ännu kunde iakttagas 60 cm, kurva C, under det med alfapartiklar av räckvidden 4,9 cm inga atomfragment över huvud taget kunde iakttagas, med en räckvidd överstigande 30 cm, den gräns som sattes av försöksvillkoren. Samtliga kurvor utvisa emellertid en tendens till starkare stegring emot lägre absorptioner, m. a. o. antalet av de långsamma H-partiklarna med ringa räckvidd är relativt störst. Det syntes då rimligt antaga, att man har att vänta en fortsatt tillväxt i antalet atomfragment, därest det lyckas utsträcka iakttagelserna till H-partiklar om ännu kortare räckvidd, än som var fallet vid de i Cambridge utförda försöken. Kanske det därvid skulle visa sig, att element som dittills befunnits vara osprängbara, endast sakna förmågan att utsända *snabba* atomfragment, men i stället giva sådana om övervägande kort räckvidd.

Denna tanke var vägledande för de försök, vilka författaren år 1922 tillsamman med Dr G. Kirsch påbörjade vid Institut für Radiumforschung i Wien, och den har även angivit riktningen för de därstädes under de fem följande åren med ett växande antal medarbetare utförda undersökningarna. Vad som gav oss den direkta impulsen till arbetet på detta område, var en av författaren för andra ändamål utvecklad metod att framställa starka preparat av radium C, den strålningskälla, vilken övervägande begagnats vid atomsprängningsförsöken i Cambridge.

Den omständighet, som i främsta rummet hindrade Rutherford och Chadwick från att utsträcka sitt sökande efter H-partiklar från sprängda grundämnen till räckvidder mindre än 30 cm i luft, var den här ovan upprepade gånger omnämnda komplikationen, som utgöres av de »naturliga», d. v. s. genom enbar stötverkan igångsatta H-partiklarna från vätehaltiga föroreningar. Dessa partiklars räckvidd är nära 30 cm, när alfapartiklar från radium C användas vid beskjutningen. H-partiklar iakttagna innanför denna gräns kunde därför, så som försöken varit anordnade, icke med bestämdhet sägas verkligen härstamma från sprängda atomer.

De första försöken i Wien gjordes därför enligt följande metod, som uteslöt naturliga H-partiklar och därför möjliggjorde säkra iakttagelser ett gott stycke innanför dessas räckvidd.

Ett rör av smält kvarts[1] utdrogs i syrgaslågan till en mycket tunnväggig kapillar. Ett cirka två centimeter långt stycke av denna bekläddes inuti över halva sin längd med den substans, som skulle undersökas, i regel i pulverform, under det andra hälften lämnades blottad. Kapillarens ena ände avsmältes omedelbart intill substansskiktet, och det hela underkastades en ytterst energisk torkning vid nära rödglödningstemperatur och evacuering. Torr koncentrerad radiumemanation inleddes så genom kapillarens andra ände, varefter även den avsmältes. Emanationen befann sig därefter hermetiskt

[1] Glasklar kvarts, erhållen genom smältning av ren kvartssand, utgör genom sina förträffliga termiska, kemiska och mekaniska, egenskaper, ett ypperligt material för fysikaliska apparater. I syrgaslågan låter det sig bearbetas som vanligt glas, smältpunkt cirka 1 600°.

innesluten i det lilla kvartsröret, och substansen på dettas inre yta utsattes för en mycket intensiv beskjutning med alfapartiklar, såväl från emanationen själv som ock från dess alfastrålande avkomlingar, radium A och C. Rörets väggtjocklek var tillräcklig för att alla alfapartiklar skulle tillbakahållas, varemot H-partiklar om en väsentligt större räckvidd, motsvarande 15 à 20 cm luft, kunde passera ut och deras scintillationer iakttagas på en liten zinksulfidskärm.

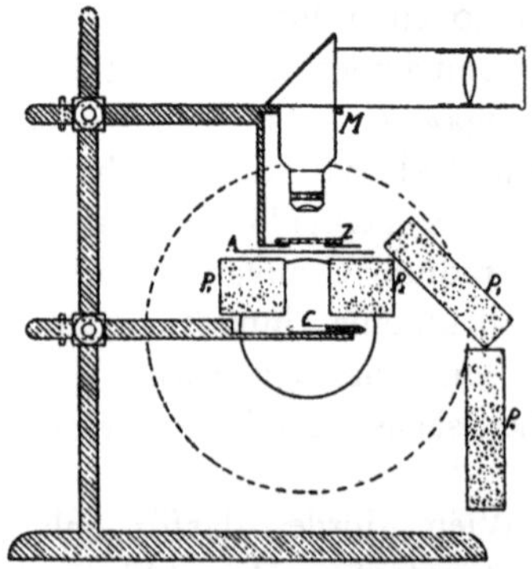

Fig. 21. Räkning av atomfragment från en emanationsfylld kvartskapillar.

Försöksanordningen återgives i den schematiska bilden å figur 21, där *C* betyder kapillaren, vars med substans beklädda del är skuggad, *Z* är zinksulfidskärmen, framför vilken vid *A* glimmerblad av olika tjocklek för bestämmande av räckvidden kunde inskjutas. *M* är ett mikroskop med ringa förstoring men hög ljusstyrka. Enligt Rutherfords föredöme var detta mikroskop försett med ett reflekterande prisma, varigenom det kunnat konstrueras böjt i rät vinkel. Tack vare denna form behöver iakttagaren icke få gammastrålningen från det starka radium C-preparatet rakt i ögonen, vilket hastigt skulle nedsätta synförmågan, utan hans huvud kan skyddas genom inskjutna klotsar av centimetertjockt bly, P i figuren. Då smält kvarts är bekant för sin ringa benägenhet upptaga fuktighet, och då dessutom kapillaren med innehåll undergått den ovan nämnda energiska torkningsproceduren, så var risken för uppkomst av naturliga H-partiklar praktiskt taget ingen. För säkerhets skull kunde dessutom iakttagelser över strålningen från kapillarens substansfria del tjäna som kontroll.

Med hjälp av dylika kapillarer prövades ett antal grundämnen på långtgående H-partiklar, för vilka Rutherford ej offentliggjort några mätningar. Resultatet var genomgående negativt. Däremot fann man överraskande nog, att en ovanligt tunnväggig kvartskapillar från sin *obelagda* del, där väggens tjocklek var minst, gav ett relativt stort antal scintillationer, fullkomligt lika dem, som atomfragment från aluminium eller naturliga H-partiklar från alfabestrålad paraffin framkalla. Den totala absorptionen i dessa partiklars väg var ungeför 12 cm luft, och en ökning därav till 17 cm medelst ett glimmerblad om 5 cm luftekvivalent, förd mellan kapillar och scintillationsskärm, tillbakahöll dem nästan fullständigt.

Båda de i kvarts ingående grundämnena, syre och kisel, hade av Rutherford prövats på atomfragment om en räckvidd väsentligen kortare än de i allmänhet som undre gräns gällande 30 cm, nämligen syre ända ned till räckvidden 10 cm och kisel med den undre gränsen 17 cm, i bådadera fallen med negativt resultat. Då med kvartskapillaren naturliga vätepartiklar måste anses uteslutna, såväl genom försöksvillkoren som på grund av den funna räckvidden, under 17 cm, så återstod som enda möjlighet förklara de iakttagna scintillationerna, att de förorsakas av atomfragment utsprängda ur kiselatomer i kvartsen med en räckvidd mellan 12 och 17 cm. Kisel måste sålunda hänföras till samma kategori som de ovan nämnda sex grundämnena, sprängbart under avgivande av H-partiklar.

En följd av detta resultat var, att kvarts icke längre kunde ifrågakomma såsom underlag vid prövning av andra grundämnen på atomfragment, i varje fall icke för räckvidder under 17 cm, vid vilka man hade att vänta H-partiklar från kisel. Vid de fortsatta försöken i Wien användes därför, i stället för kvartskapillarer, små trågformiga behållare av mässing, vilkas botten utgjordes av ytterst tunt kopparbleck. De substanser som skulle undersökas voro utbredda över kopparblecket i tunna skikt inom olika avdelningar av tråget, vilket efter en energisk torkningsprocedur fylldes med torr emanation och hermetiskt tillslöts. Genom avskärmning av trågets övriga avdelningar kunde partiklarna från en avdelning i sänder iakttagas.

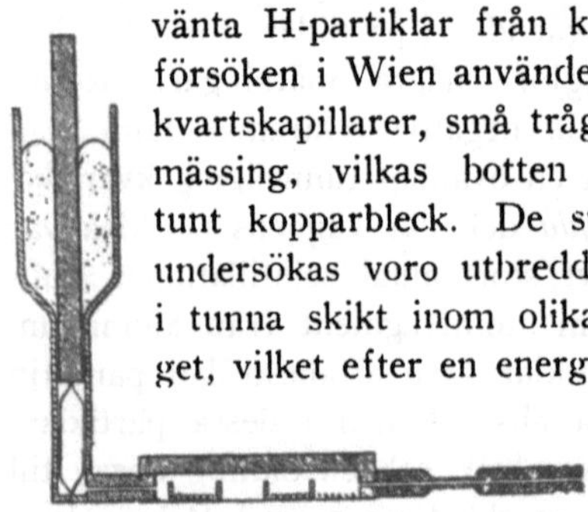

Fig. 22. Apparat av metall för atomsprängningsförsök (vertikalsnitt).

Liksom vid kapillaren var en av avdelningarna fri från substans, så att kontrollförsök med enbart koppar i alfastrålningens väg kunde göras. Det ringa antal scintillationer, som därvid märktes, avdrogs från det antal scintillationer, som iakttogs från de med substans belagda avdelningarna. Prövningen tillgick f. ö. alldeles som med kapillarerna, i det scintillationer från partiklar utträngande genom kopparblecket räknades, under det olika starkt absorberande blad av glimmer eller av metall om känd absorptionsförmåga infördes i atomfragmentens väg.

Försöksresultaten med denna metallapparat bekräf-

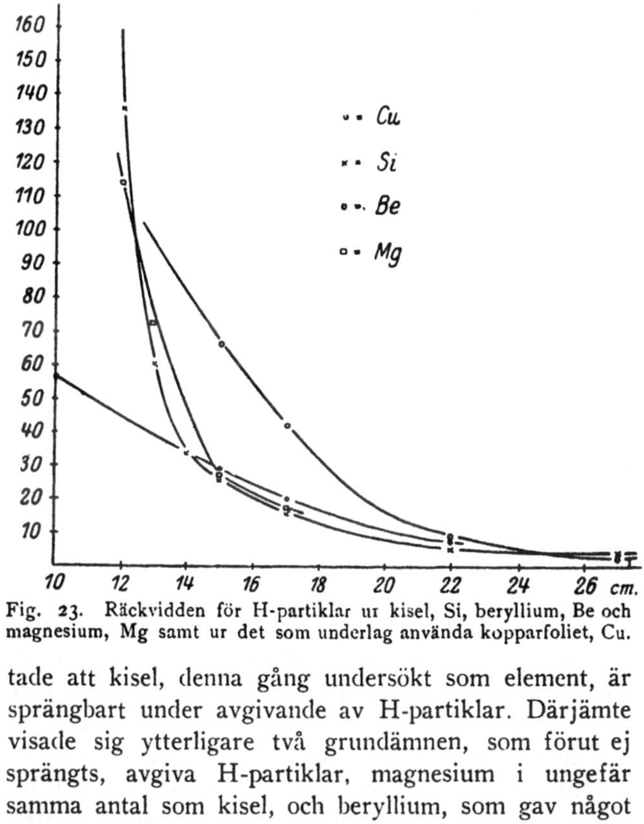

Fig. 23. Räckvidden för H-partiklar ur kisel, Si, beryllium, Be och magnesium, Mg samt ur det som underlag använda kopparfoliet, Cu.

tade att kisel, denna gång undersökt som element, är sprängbart under avgivande av H-partiklar. Därjämte visade sig ytterligare två grundämnen, som förut ej sprängts, avgiva H-partiklar, magnesium i ungefär samma antal som kisel, och beryllium, som gav något talrikare partiklar om delvis högre räckvidd, ända till cirka 20 cm.

Den vinkelräta iakttagelsemetoden.

Den i det föregående beskrivna anordningen medgav prövning på H-partiklar om en räckvidd ända ned till cirka 12 cm luft, och den därmed vunna utvidgningen av området för iakttagbara atomfragment hade resulterat i, att tre nya element kunde överföras till listan över sprängbara grundämnen. Att gå vidare på denna väg och så att säga förlägga sin observationspost, zinksulfidskärmen, allt närmare intill den beskjutna atomen tycktes vara huvudvillkoret för vidare framsteg. Men härvid mötte vissa svårigheter. Bortsett från komplikationer genom naturliga H-partiklar, vilka väl kunde hållas inom vissa gränser men svårligen alldeles undgås, så snart metaller kommo till användning såsom underlag för de bestrålade substanserna, så måste alfastrålningen själv sätta en gräns för undersökningarna vid dess egen skottvidd, med radium C 7 cm. Det intensiva alfabombardemanget från preparatet med projektiler tio- till hundratusen gånger talrikare än de alstrade atomfragmenten lägger en slags »spärreld» vid denna absorptionsgräns, innanför vilken det vore hopplöst att söka efter enstaka H-partiklar från sprängda kärnor.

En utväg ur den här skildrade svårigheten, möjliggörande ett framträngande till mindre avstånd från de söndersprängda atomerna, så att även deras långsamma atomfragment bli iakttagbara, kunde endast ernås genom att förändra sättet för iakttagelserna. Alla dittills utförda försök hade skett efter en metod, som kan benämnas den direkta, varvid de i riktningen från alfastrålningskällan till zinksulfidskärmen utslungade fragmenten observerades. Genom att i stället observera dem som utkastas i rät vinkel mot denna riktning, och sålunda iakttaga den exploderande atomen »runt hörnet», kunde olägenheterna från det intensiva alfabombardemanget till allra största delen undgås. Jämför de båda första schematiska teckningarna i figur 24 *a* och *b*,

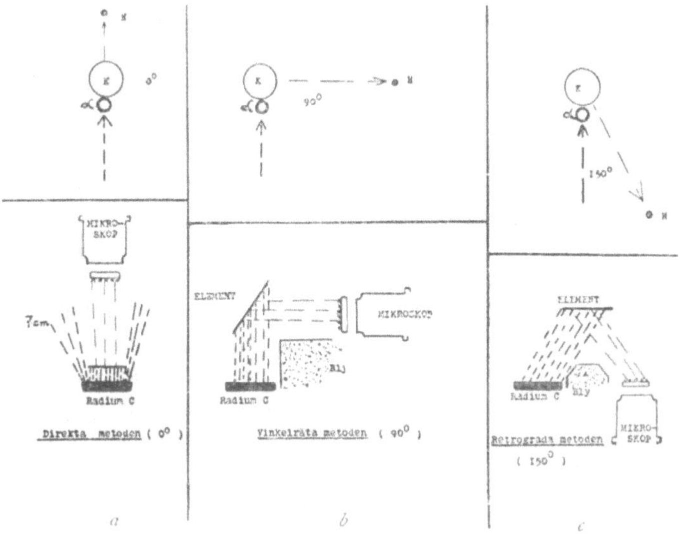

Fig. 24. Schematisk framställning av de olika metoderna för iakttagelse av atomfragmenten.

vilka åskådliggöra anordningen av strålningskälla, beskjutet element och zinksulfidskärm vid i ena fallet den direkta, i andra fallet den vinkelräta metoden.

Helt och hållet kunde de bombarderande alfapartiklarna icke på detta sätt undgås då, såsom Rutherfords försök och kärnteori visat, ett om ock ringa antal av dem bli genom kärnträffar avböjt med vinklar omkring 90° och sålunda kunna nå fram till scintillationsskärmen, ungefär som kulor rikoschetterande mot marken vid en skjutövning understundom kunna nå de för direkt eld skyddade markörerna. Antalet av sådana i 90° vinkel avböjda alfapartiklar kan emellertid beräknas enligt Rutherford-Darwins teori. Detta antal är ytterst ringa, särskilt vid beskjutning av element med låga atomvikter. Ännu betydelsefullare för metoden är likväl, att just vid kärnträffar mot lätta elements atomer alfapartikeln förlorar en avsevärd del av sin rörelseenergi, som överföres på den träffade kärnan. Partikeln får därigenom efter stöten en nedsatt hastighet i den nya flygriktningen och en däremot svarande ännu kraftigare minskning av sin räckvidd. Sålunda bör, under de förutsättningar som ligga till grund för teorien, en alfapartikel om räckvidden 7 cm, som kastas åt sidan i rät vinkel vid kärnträff mot en aluminiumatom, få sin räckvidd efter stöten reducerad till 4,5 cm. Vid en stöt med lika stark avböjning mot en kolatoms kärna reduceras räckvidden ända till 2,5 cm. Dessa båda värden angiva följaktligen den gräns för räckvidden, utanför vilken man enligt den vinkelräta metoden kan pröva aluminium och kol på atomfragment utan att på något sätt störas av alfapartiklar från strålningskällan, som kunna ha avböjts genom kärnträffar i 90° vinkel mot sin ursprungliga flygriktning.

Gentemot naturliga H-partiklar erbjuder den vinkelräta metoden absoluta garantier. Liksom man med en biljardboll icke kan försätta en annan boll i sådan rörelse, att den senare förflyttar sig i rät vinkel mot stötriktningen, så är det också omöjligt att genom stötverkan från en alfapartikel få en fri vätekärna att flyga åt sidan i 90° vinkel eller däröver. Alla vätepartiklar, som iakttagas vid försök enligt den vinkelräta metoden, måste därför vara äkta atomfragment, huru mycket väte som den bestrålade substansen än må innehålla. Ja, man kan t. o. m. använda paraffin för att enligt denna metod studera atomfragmenten från de däri ingående kolatomerna, utan att störas av substansens höga vätehalt.

Försök enligt den vinkelräta metoden påbörjades ungefär samtidigt i Wien och i Cambridge och ledde till att en rad nya grundämnen, vilka tidigare prövats med negativt resultat, kunde förklaras sprängbara. Sålunda fann författaren, att kol, såväl i form av paraffin som av ren grafit, avgiver H-partiklar i relativt stort antal, men om övervägande mycket ringa räckvidd. Redan med absorptioner likvärdiga med 6 à 8 cm luft i partiklarnas väg bli dessa för fåtaliga för att kunna räknas. Försöken upprepades kort efteråt med kol i dess allra renaste form, såsom pulvriserad, vattenklar diamant, med enahanda resultat. Även de tidigare i Wien sprängda elementen beryllium, magnesium och kisel visade sig avgiva H-partiklar i 90° vinkel mot alfastrålningen. Partiklarnas räckvidd var därvid avsevärt mindre än den vid försök enligt den direkta metoden funna, något som av teoretiska skäl också var att vänta.

Rutherford och Chadwick funno medelst den nya metoden, som av dem tillämpades i något annan form, att magnesium och kisel verkligen avgiva H-partiklar. Därjämte funno de sådana från ett antal grundämnen, som då ännu ej hunnit undersökas i Wien, nämligen från de båda ädelgaserna neon och argon samt från svavel, klor och kalium. För beryllium voro mätningarna icke avgörande, under det från kol, syre, järn och ett antal tyngre grundämnen inga H-partiklar kunde iakttagas. En viss motsättning mellan resultaten i Cambridge och i Wien var därmed given, vilken ytterligare markerades, genom att man på det senare stället genomgående erhöll större antal utsprängda H-partiklar från ett och samma grundämne.

Dessa avvikelser synas enklast kunna förklaras ur

olikheten i de instrumentella hjälpmedel, som på båda ställena kommo till användning, något som kommer att beröras längre fram i detta arbete. Först måste emellertid en ytterligare förbättring av iakttagelsemetoden omnämnas, som snart därefter gjordes i Wien, och vilken möjliggjort att utsträcka prövningen på atomfragment till sådana om ännu mindre räckvidd, varigenom listan över sprängbara grundämnen kunnat ytterligare utökas.

De bakåtriktade atomfragmenten.

Iakttagelsen av atomfragment med kortare räckvidd än den bombarderande alfastrålningens egen genom observationer »runt hörnet» gynnas av sällsyntheten och den starkt nedsatta räckvidden för de under samma vinkel rikoschetterande alfaprojektilerna. Dessa senares störande inverkan blir ännu mindre, om vinkeln mellan primär- och sekundärstrålning, d. v. s. mellan alfa- och H-partiklarnas flygriktning, ytterligare ökas, och de allra bästa försöksbetingelserna ernås, om denna ökning drives så långt som möjligt, så att de nästan rakt bakåtgående atomfragmenten få infalla på scintillationsskärmen. Att öka vinkeln ända till gränsen 180°, d. v. s. en flygriktning rakt motsatt alfapartiklarnas, är av tekniska skäl ogörligt, men genom begagnande av särskilda anordningar kan man utan svårighet öka vinkeln i fråga ända till omkring 150°. Ur teorien för kärnträffarna finner man, att en alfapartikel från radium C återkastad under denna vinkel mot en aluminiumatoms kärna, får sin räckvidd nedsatt från 7 cm till 2,5 cm och mot en kolkärna till endast 1 cm. Dessa siffror angiva följaktligen det lägsta absorptionsvärde, intill vilka man kan pröva aluminium och kol på H-partiklar enligt den retrograda metoden utan att behöva befara någon som helst komplikation från reflekterade alfapartiklar.

De fördelar, som erbjudas av denna s. k. retrograda metod, vars princip schematiskt framställes i figur 24 *c*, äro så betydande, att man i Wien sedan tre år tillbaka arbetat övervägande efter densamma och har den att tacka för de flesta av de framsteg som under tiden vunnits. Den tillämpning av metoden, som schemat i figur 24 *c* visar, har i föga förändrad form kommit till användning i en rad apparater, vilka konstruerats för att undersöka olika grundämnen på utsprängda H-partiklar, men även för vissa ändamål, på reflekterade alfapartiklar.

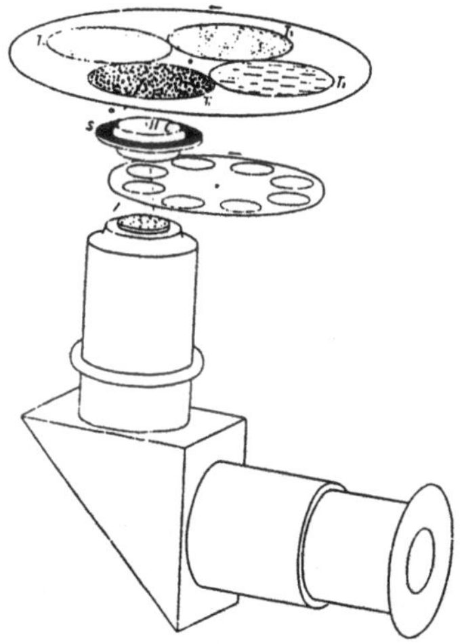

Fig 25. Iakttagelse av bakåtriktade atomfragment.

I många fall har i stället en symmetrisk anordning begagnats, figur 25, där alfastrålningskällan (svärtad i figuren) har formen av en flat ring, med endast den övre ytan aktiverad, *S*. Fyra olika substansskivor T_1—T_4, som omväxlande kunna bombarderas, äro anbragta någon centimeter ovanför ringen. Genom en kanal ledande rakt nedåt genom den senare, *C* i figuren, kunna atomfragment nå fram till zinksulfidskärmen, där deras scintillationer iakttagas genom ett mikroskop av den övliga vinkelböjda typen. För att kunna bestämma H-partiklarnas genomträngningsförmåga kunna glimmerblad om olika, noga bestämd luftekvivalent, anbragta över hål i kanten på en tunn, vridbar mässingskiva, införas i deras väg omedelbart framför zinksulfidskärmen *Z* i figuren. Denna är inkittad i botten på en rund mässingdosa, som omgiver hela apparaturen med ett lufttätt hylle. Alla de till apparaten hörande rörliga delarna kunna, utan att hyllet öppnas, bringas i arbetsläge genom vridning av proppar, lufttätt inslipade i mässingdosans lock eller botten. Tack vare dessa anordningar kan, sedan väl den ringformiga, med radium C eller annat alfastrålande ämne aktiverade strålningskällan, anbringats på sin plats och mässinghyllet lufttätt tillslutits, luften utpumpas, så att motståndet i vägen för såväl alfa- som H-partiklar blir det minsta möjliga. Vid många försök har apparaten i stället för att pumpas lufttom fyllts med ren helium av atmosfärstryck. Denna sällsynta gas, varav Bureau of Mines i Washington välvilligt ställt större mängder till vårt förfogande, erbjuder den fördelen, att icke själv avgiva några atomfragment, varför dess närvaro inuti apparaten icke medför sådana komplikationer, som luft eller kvävgas skulle bringa. Sist men icke minst utmärkes helium av en ytterst ringa absorptionsförmåga gentemot såväl alfa- som H-strålningen, vars räckvidd i denna gas är mer än fem gånger större än i luft. Med rent helium inuti apparaten är minimiabsorptionen, som utan absorberande glimmer i vägen för H-partiklarna förefinnes mellan substansskivan och scintillationsskärmen, likvärdig med endast 3 à 4 millimeter luft, så att även atomfragment om mycket kort räckvid kunna iakttagas.

En närmare beskrivning på en räkning av atomfragment medelst den skizzerade anordningen liksom över framställningen av strålningskällan härför kommer att givas längre fram i denna bok. I detta kapitel, avsett att giva en översikt av det allmänna läget inom den nya forskningsgrenen, skola endast arbetets viktigaste resultat i korta drag skildras.

Identifieringen av atomfragmenten.

En fråga av största betydelse för undersökningar över atomsprängning är det sätt varpå atomfragmenten identifieras. Såsom redan omnämnts, framkalla H-partiklarna scintillationer, vilkas ljusintensitet är långt mindre än den alfapartiklarna framkalla. Därtill kommer, att utsträckningen av den uppflammande ytan i förra fallet också är påtagligt mindre. Under det alfa-scintillationerna ha en tydlig utsträckning med en i regel skarpt begränsad yta, vanligen triangulär eller månghörnig, beroende på formen av det träffade kristallkornet, så synas H-scintillationerna mera punktformiga. Någon svårighet att känna i sär de båda partikelslagen på karaktären av de scintillationer de framkalla föreligger därför ej, så länge synbarhetsförhållandena äro goda och båda alstras av snabba partiklar. På ett dylikt särskiljande grundade sig identifieringen av atomfragmenten vid undersökningarnas början såväl i Cambridge som i Wien.

Är emellertid alfapartiklarnas hastighet nedsatt, såsom mot slutet av deras bana, avtager ljusintensiteten hos de scintillationer de framkalla, och när alfapartikeln befinner sig tre à fyra millimeter från slutet av sin bana i luft, blir scintillationen snarlik den från en snabb H-partikel. Även för det sistnämnda slaget av partiklar är ljusintensiteten hos scintillationerna beroende av räckvidden, men avtagandet börjar vid högre räckvidder än för alfapartiklarna och försvårar avsevärt iakttagelsen, redan då H-partiklarna ha en centimeter kvar av sin bana i luft. En identifiering av alfa- och H-partiklar uppträdande tillsamman är därför betydligt svårare, när långsamma partiklar förekomma, och möjligheten för en förväxling ökas ytterligare, om zinksulfidskärmens bakgrund icke är mörk utan självlysande. Detta senare inträffar, när intensivt gammastrålande preparat av Ra C eller Th C anbragta nära scintillationsskärmen användas såsom källa för alfaprojektilerna. Ett dylikt diffust lysande av skärmen försvårar iakttagelsen av H-partiklarna över huvud, och särskilt av sådana med kort räckvidd.

Då möjligheten för en förväxling mellan alfa- och H-partiklar spelat en framstående roll vid de diskussioner, som förts angående riktigheten av i Wien och i Cambridge gjorda rön, så torde en kort skildring av de resurser, som utvecklats för att underlätta diagnosen, vara befogad.

Att genom s. k. fotometri söka mäta ljusintensiteten hos scintillationerna, d. v. s. av små, för ett obeväpnat öga icke iakttagbara ljusblixtar, vilkas varaktighet understiger en tusendels sekund, kan tyckas ganska djärvt. En jämförelse mellan ljusintensiteten hos scintillationer av olika slag är emellertid utförbar och har kunnat göras i viss grad kvantitativ. Den för detta ändamål av Dr Elisabeth Kara-Michailova i Wien använda anordningen återgives schematiskt i figur 26. *FOF* är ett s. k. jämförelseokular, möjliggörande att antingen i snabb omväxling eller på en gång betrakta de bilder, som lämnas av två närställda mikroskop, förbundna medelst jämförelseokularet. Kombinerat med sådana ljusstarka objektiv, som begagnas vid scintillationsräkningarna, användes jämförelseokularet i detta fall till att iakttaga tvenne likadana zinksulfidskärmar, *Z*. Å den ena skärmen frambringas scintillationer av alfapartiklar med likformig hastighet, lämpligen från ett svagt poloniumpreparat. Under den andra skärmen anbringas källan för de partiklar, vilkas scintillationer till sin ljusintensitet skola jämföras med de förras, vare sig naturliga H-partiklar från ett alfabestrålat paraffinsnitt, atomfragment från ett bombarderat grundämne, eller ock alfapartiklar med starkt minskad räckvidd, varvid avtagandet i deras scintillationers ljusstyrka kan studeras.

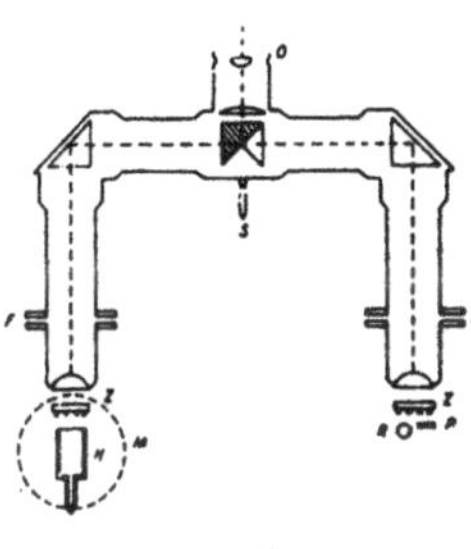

Fig. 26. Jämförelse mellan H- och alfa-scintillationers ljusstyrka.

Genom att föra det lilla, vid *S* synliga handtaget åt ena eller andra sidan, åstadkommes en förskjutning av reflekterande prismor inuti jämförelseokularet, så att än det ena, än det andra objektivets bild synes i okularet. Vid en mellanställning på handtaget synas båda samtidigt såsom halvfältsbilder. Skillnaden i ljusintensitet för de scintillationer, som uppstå å båda skärmarna, är sålunda lätt att observera. För att kunna mäta den, försvagas ljuset från det objektiv, där de starkaste scintillationerna synas, genom att bakom detsamma, i vägen för ljusstrålarna vid *F* införa gråglas[1] av sådan täthet,

[1] Lämpligen strimlor av fotografiska negativ av olika stark svärtning.

att scintillationerna från båda objektiven synas lika intensiva. Det härför passande gråglasets ljusabsorption, bestämd med en vanlig fotometer, angiver då direkt förhållandet i intensitet mellan de jämförda slagen av ljusblixtar.

På detta sätt befanns vid en jämförelse mellan alfapartiklar från polonium och snabba naturliga vätepartiklar, att ett gråglas, som genomsläpper $^1/_3$ av det på detsamma infallande ljuset behövde inskjutas, för att försvaga bilden av alfascintillationerna därhän, att de föreföllo lika intensiva som H-scintillationerna. Därmed var förhållandet i ljusintensitet dem emellan bestämd till 3 : 1. Samma värde erhölls, när i stället för de naturliga H-partiklarna atomfragment från kiseln i en tunnväggig, med radiumemanation fylld kvartskapillar finge falla på ena skärmen Z, vilket bekräftade det förut genom subjektiv diagnos funna resultatet, att ifrågavarande partiklar verkligen äro snabba vätekärnor.

Det bör tilläggas, att vad som vid denna jämförelse egentligen mätes är intensiteten hos scintillationerna, d. v. s. ljusstyrkan från enheten av den uppflammande ytan. Då denna senare har avsevärt större utsträckning i alfa- än i H-scintillationerna, så är det klart, att olikheten i total utsänd ljusmängd mellan de båda scintillationsslagen är ändå större.

Liknande jämförelser mellan scintillationerna från snabba alfapartiklar och från sådana som närma sig slutet av sin bana ha möjliggjort att fastställa, huru den alstrade scintillationens ljusstyrka ändras med partikelns räckvidd. På allra senaste tiden ha sådana mätningar kunnat utföras även för H-partiklar om olika räckvidder.

Viktiga slutsatser angående möjligheten att med tillförlitlighet räkna långsamma H-partiklar, sådana som förekomma vid atomsprängning efter den retrograda metoden, ha kunnat dragas ur dessa försök.

Scintillationsfotometrien har varit av värde för identifieringen av atomfragment i vissa fall, men den är alltför omständlig för att kunna användas vid vanliga sprängningsförsök. För att vid dessa kunna avgöra vad som är scintillationer från alfa- och från H-partiklar ha i Wien följande hjälpmedel anlitats.

Å en liten metallskiva, inskjutbar framför zinksulfidskärmen å den i figur 25 skizzerade apparaten, ha anbringats, dels en strålningskälla för fåtaliga alfapartiklar, ett mycket svagt poloniumpreparat, dels en källa för naturliga H-strålar, ett paraffinsnitt ovanpå ett starkt poloniumpreparat. Genom att vrida, än den ena än den andra av dessa strålningskällor framför zinksulfidskärmen kan man på denna efter behag alstra alfa-scintillationer omväxlande med äkta H-scintillationer under ett pågående försök. Iakttagaren kan sålunda jämföra scintillationerna från de okända partiklar, atomfragment eller reflekterade alfapartiklar, vilka han just är sysselsatt med att räkna, med partiklar av känd art, något som väsentligt underlättar diagnosen. Dessutom fyller H-strålekällan även en annan uppgift, nämligen att vid olika tillfällen under loppet av ett försök möjliggöra en prövning av vederbörande räknares iakttagelseförmåga. Ser han ett mindre antal H-scintillationer per tidsenhet, än vad man vet skall förefinnas, så är detta ett tecken, att han observerar dåligt och behöver en vilopaus, ett faktum varom räknaren själv ej sällan är omedveten.

Trots de hjälpmedel som här skildrats för identifiering av alfa- och H-partiklar ur deras scintillationers ljusstyrka, utgör likväl faran för förväxlingar i detta avseende en av scintillationsmetodens största svagheter. När det gäller viktiga slutsatser, exempelvis rörande sprängningen av nya grundämnen, gör man därför klokt i att alltid söka ordna försöken så, att ett uppträdande av reflekterade alfapartiklar över huvud taget uteslutes genom försöksvillkoren. Detta sker enklast genom att räkna scintillationerna vid absorptioner överstigande den enligt stötlagarna beräknade maximala räckvidden på reflekterade alfapartiklar, en regel som också iakttages vid undersökningarna i Wien. Förutsatt att radioaktiv smitta är utesluten vid försöket, varom man lätt kan övertyga sig, kan man då vara fullkomligt säker, att de iakttagna scintillationerna verkligen förorsakas av atomfragment, vilka i alla hittills närmare undersökta fall visat sig vara H-partiklar.

En metod att identifiera atomfragmenten genom deras avböjning i elektriska och magnetiska fält, vilken ävenledes utvecklats i Wien och som ger resultat av en säkerhet och en precision vida överträffande den här skildrade optiska metoden, kommer att beskrivas längre fram i detta arbete.

Atomsprängningens resultat.

Innan här i kort sammanfattning skildras, vilka resultat attackerna mot atomkärnorna lämnat under de åtta år som förflutit, sedan Rutherford offentliggjorde berättelsen om den första atomsprängningen, torde några förklarande anmärkningar böra förutskickas.

Det ifrågavarande arbetsområdet erbjuder svårigheter av säregen art. Metoden att med ögats hjälp räkna de ljussvaga scintillationer, som förråda atomfragmentens anslag mot zinksulfidskärmens ofta självlysande bakgrund, under det räknaren, trots blyskyddet, är utsatt för en genomträngande strålning från Ra C-preparatet med dess nedsättande inverkan på synförmågan, är behäftad med åtskilliga felkällor. Den är i hög grad ansträngande för iakttagarna, vilka endast under korta tidsperioder om en minut eller ännu mindre förmå bibehålla sin uppmärksamhet tillräckligt skärpt för att med någorlunda tillförlitlighet kunna räkna de ljussvaga scintillationerna. Endast personer med synnerligen goda ögon och snabb iakttagelseförmåga kunna bli goda räknare. Dessa måste i regel utväljas genom prövning av ett större antal försökspersoner. Utan risk för överansträngning kunna icke samma räknare användas under längre tid mer än högst två gånger i veckan, varvid räkningen, med inskjutande av täta vilopauser icke får utsträckas mer än cirka halvannan timme åt gången.

Förberedelsen av strålningskällan liksom av försöksapparaturen kräver ett tidsödande och mycket omsorgsfullt arbete för att försöket skall lyckas. Likafullt kan det hela omintetgöras genom uppträdandet av »radioaktiv smitta» inuti apparaten, nödgande till försökets avbrytande och hela försöksapparaturens omsorgsfulla putsning för att avlägsna spåren av det radioaktiva materialet.

Slutligen ställer observationsmaterialets genomgång och sovring stora krav på objektivitet och kritisk förmåga, eftersom vid iakttagelser av fenomen, som ligga nära gränsen för ifrågavarande sinnesorgans känslighet, betydande variationer även i en och samma försökspersons observationer äro oundvikliga. Enbart i

Wien ha under dessa undersökningar över en kvarts miljon scintillationer blivit räknade och protokollförda, men av de hundratals försöksserier, som erfordrats härför, har endast en bråkdel kunnat anses som tillräckligt lyckade för att medgiva dragandet av bestämda slutsatser. I ett brev till författaren, skrivet på ett tidigt stadium av arbetena i Wien, har Sir Ernest Rutherford, föregångsmannen inom atomforskningen, betecknat detta område såsom ovanligt fullt av snaror och fallgropar, en karakteristik som ingalunda kan betecknas såsom överdriven.

De motsättningar som förefunnits mellan de i Wien och i Cambridge, till dels efter olika metoder, vunna erfarenheterna och vilka ännu ej utjämnats, böra ses mot bakgrunden av de här skildrade experimentella svårigheterna.

Å andra sidan ha dessa scintillationsmetodens svårigheter varit oss en sporre till att utarbeta andra, mindre subjektiva iakttagelsemetoder för studiet av atomsprängningen. Såsom skall visas längre fram i denna bok, ha dessa bemödanden i flera fall lett till användbara resultat. De med dessa nya forskningsmedel erhållna, av de föregående oavhängiga, rönen ha på flera viktiga punkter bekräftat riktigheten av de i Wien gjorda iakttagelserna. Ett fortsatt begagnande av dessa nya arbetsmetoder som f. n. bedrivas kommer otvivelaktigt att öka det ännu starkt begränsade antalet av säkerställda fakta i hastigare tempo, än vad som hittills varit möjligt.

Det är i varje fall en författarens skyldighet mot läsaren betona, att åtskilliga av de resultat som funnits i Wien och i det följande komma att omförmälas icke ännu vunnit bekräftelse från Cambridgefysicis sida.

Tabell över de hittills sprängda elementen.

Element	Atom-nummer	Iakttagelse-metod	Iakttagits först
Litium	3	R	Wien
Beryllium	4	D & V	Wien
Bor	5	D & V	Cambridge
Kol	6	V & R	Wien
Kväve	7	D & V	Cambridge
Syre	8	V & R	Wien
Fluor	9	D & V	Cambridge
Neon	10	D & V	Cambridge
Natrium	11	D & V	Cambridge
Magnesium	12	V & R	Wien
Aluminium	13	D & V	Cambridge
Kisel	14	V & R	Wien
Fosfor	15	D & V	Cambridge
Svavel	16	V	Cambridge
Klor	17	V	Cambridge
Argon	18	V	Cambridge
Kalium	19	V	Cambridge
Titan	22	R	Wien
Krom	24	R	Wien
Järn	26	R	Wien
Koppar	29	R	Wien
Selen	34	R	Wien
Brom	35	R	Wien
Zirkon	40	R	Wien
Tenn	50	R	Wien
Tellur	52	R	Wien
Jod	53	R	Wien

Vilka grundämnen som hittills befunnits vara spräng-bara framgår av den ovanstående, i tabellarisk form givna översikten, vari den första kolumnen ger grundämnets namn, den andra dess ordningsnummer = kärnladdningen, den tredje den eller de metoder efter vilka de till sprängningen förande försöken utfördes, D = direkta metoden, V = vinkelräta, R = retrograda. Sista kolumnen anger varest sprängningen första gången iakttagits.

Såsom av tabellen framgår, äro numera samtliga lätta element fr. o. m. litium t. o. m. argon förklarade sprängbara. Denna omständighet talar starkt för riktigheten av det från Wien på ett tidigt stadium uttalade antagandet, att sprängbarhet är en allmänt förekommande egenskap hos elementen och ingalunda begränsat till ett fåtal ämnen av viss typ. Dock bör här tilläggas, att såväl för litium och beryllium som för kol och syre sprängbarheten ännu icke medgivits från Cambridge, varest man visserligen begränsat sig till att söka efter atomfragment om cirka 4 centimeters räckvidd eller mer. Särskilt i fråga om kol äro motsättningarna starka, varvid på teoretiska betraktelser grundade tvivel på detta elements sprängbarhet säkerligen spelat en viss roll. Å andra sidan har just detta element under tre års arbete varit föremål för omfattande försök i Wien, vilka genomgående givit positiva resultat. Därtill kommer, att på allra sista tiden medelst oavhängiga metoder, bevis, som förefalla avgörande, lämnats för att kol i allra renaste form verkligen avgiver H-partiklar. Element av högre atomnummer än 19, argon, ha hittills givit positiva resultat endast i Wien, där de prövats efter den retrograda metoden. Utom de tio i tabellen såsom sprängda upptagna elementen från titan till jod har ytterligare ett antal grundämnen om delvis ännu högre atomnummer undersökts. Ehuruväl resultaten övervägande tala för att även dessa ämnens atomer äro sprängbara, ha de dock ej den beviskraft, huvudsakligen på grund av mätningstekniska svårigheter, att frågan kan anses avgjord.[1] Fortsatta försök måste därför genomföras, innan listan kan ytterligare utvidgas. Av dessa ännu tvivelaktiga ämnen är speciellt guld f. n. föremål för en ingående undersökning från Dr Kirsch's sida, vars resultat tala för att H-partiklar i betydande antal men av kort räckvidd utsprängas från detta grundämne. Resultatet är rakt motsatt det som alkemisterna eftersträvade, men äger det oaktat det allra största intresse.

Utbytet av atomfragment från olika element är den punkt, där resultaten i Wien och i Cambridge gå mest isär. I Wien har sprängningen av aluminium varit föremål för omfattande undersökningar av E. A. W. Schmidt, som funnit totala utbytet av H-partiklar, inberäknat sådana om en räckvidd ned till 1 cm, vilka i aluminiumfolie om 1 cm luftekvivalent utlösas av varje miljon alfapartiklar från Ra C, vara 30. Den från Cambridge senast publicerade siffran för samma utbyte angiver 2 per miljon. Från tjock aluminium, i vilket alfapartikelns hela bana förlöper till slut, finner Schmidt per miljon snabba alfapartiklar 100 H-partiklar, Cambridgefysici endast 8. Dessa avvi-

[1] Undersökningen av de tyngre grundämnena enligt den retrograda metoden försvåras däråv, att mot deras atomkärnor alfapartiklar återkastas i långt större antal än från de lätta elementens och därjämte utan den stora nedsättning i räckvidd, som för de senare möjliggör prövningen på atomfragment om kort räckvidd. Sålunda blir räckvidden för en alfapartikel från Ra C efter avböjning med 150° mot en guldatoms kärna minskad med endast cirka 10 %, från 7,0 till 6.2 cm. Innanför denna gräns försvåras prövningen genom närvaron av relativt talrika alfapartiklar med delvis ringa räckvidd.

kelser låta sig enligt Wienerforskarna enklast förklaras, om man antager, att försöksbetingelserna vid de i Cambridge utförda observationerna icke varit så ägnade för iakttagelsen av de ljussvaga scintillationerna från de långsammaste atomfragmenten, som i Wien, där man framför allt vinnlagt sig om att driva ljusstyrkan hos de för scintillationsräkningarna använda mikroskopen till den största höjd, som praktiskt kan ernås. Dessutom har man därstädes sökt minska det för scintillationernas synbarhet ofördelaktiga, diffusa lysandet av zinksulfidskärmen genom att övervägande använda strålningskällor med ringa eller ingen genomträngande strålning, svaga Ra C- eller ock poloniumpreparat.

Från andra grundämnen är utbytet mindre säkert bestämt än från aluminium. I stort sett tillväxer, enligt de i Wien gjorda erfarenheterna, utbytet av atomfragment från grundämnena med deras ordningsnummer, förutsatt att alla fragment, även de med kortast iakttagbar räckvidd, medräknas. För kol, som hittills endast kunnat studeras i tjocka skikt, är totala utbytet omkring 60 per miljon alfapartiklar, ehuru vissa mätningar tala för ännu högre siffror. För de tyngre elementen synes utbytet kunna räknas i hundratal H-partiklar per miljon alfapartiklar, men siffrorna äro därvidlag ännu ganska obestämda.

Den stora svårighet, som vidlåder bestämningar av utbytet, beror just på närvaron av de talrika atomfragment om kort räckvidd, som iakttagits i Wien. Även med mycket ljusstark optik och under i övrigt gynnsamma betingelser ligga dessa partiklars ljussvaga scintillationer så nära gränsen för det iakttagbara, att obetydliga ändringar i vederbörande räknares disposition förorsakade genom trötthet, gammabestrålning o. d. föranleda betydande svajningar i antalet räknade scintillationer under i övrigt oförändrade försöksbetingelser. Möjligheten av att det verkliga antalet frigjorda atomfragment är ännu större än även de högre värden, som funnits i Wien, är icke utesluten. I detta avseende torde väsentliga framsteg stå att vinna med hjälp av de nya metoder, som utvecklats för att ersätta scintillationsräknandet.[1]

Beträffande den maximala räckvidden för H-partiklarna från sprängda element, så har det redan framhållits, att detta begrepp är i viss grad obestämt. I den mån som absorptionen i atomfragmentens väg ökas, avtager deras antal, och det beror i hög grad av den experimentella anordningen, preparatstyrkan hos alfastrålningskällan, den bestrålade substansens avstånd från denna och från zinksulfidskärmen, den observerade skärmytans storlek m. m., vid huru hög absorption, som ett antal atomfragment tillräckligt stort för att kunna med säkerhet iakttagas nå fram till skärmen. Det är därför ingalunda uteslutet, att fåtaliga atomfragment verkligen utsändas i stånd att genomtränga ännu större absorptioner än den högsta, vid vilken man funnit säkra bevis för att scintillationer förekomma, och som man därför angiver såsom »maximal räckvidd». I överensstämmelse härmed har man i Cambridge, tack vare en försöksanordning speciellt avpas-

[1] Det bör ånyo framhållas, att alla beräkningar av utbytet av atomfragment som hittills utförts, skett under antagandet att dessa utslungas i lika antal åt alla riktningar, d. v. s. att H-partikelns flygriktning är alldeles oberoende av riktningen för den alfapartikel som frigjort densamma. Försöksresultat från både Wien och Cambridge synas tala för detta antagandes riktighet, men något bindande experimentellt bevis därför har ännu icke presterats.

sad för iakttagelser av de mest långtgående och sällsynta men till gengäld relativt kraftigt scintillerande partiklarna, i allmänhet funnit högre värden för den maximala räckvidden än i Wien. Figur 27 ger en grafisk framställning av huru den maximala räckvidden[1] förändras med atomnumret för de lättare elementen, vilken grundar sig på mätningar utförda å båda ställena. Den påtagliga skillnaden i räckvidd mellan atomfragmenten från grundämnen med jämna och med udda ordningsnummer som figuren utvisar, utgör ett av de intressantaste fakta som hittills kunnat säkerställas inom undersökningsområdet. Den stora räckvidden för H-partiklarna från grundämnen med udda atomnummer förklarar, varför atomsprängningen först upptäcktes för element av denna typ: bor (5), kväve (7), fluor (9), natrium (11), aluminium (13) och fosfor (15). Med den då ännu använda direkta metoden kunde atomfragmenten från de övriga elementen med jämna atomnummer ej nå fram till scintillationsskärmen. Denna skillnad i räckvidd pekar på en olikhet i kärnstrukturen för de jämna och för de udda elementen, varför även andra fakta tala.

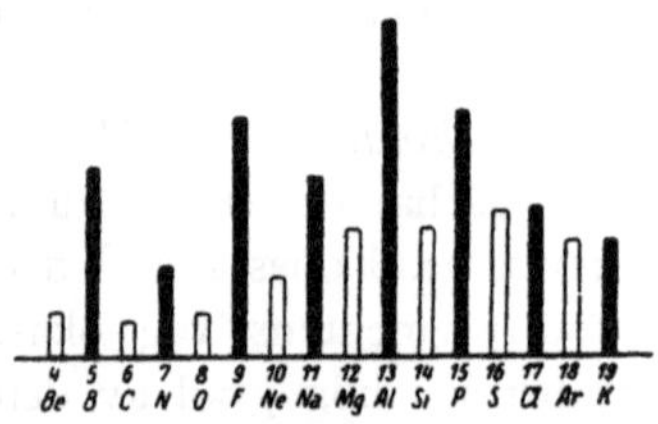

Fig. 27. Räckvidden för atomfragment från olika grundämnen.

En minimal räckvidd för atomfragmenten har man

[1] De efter olika metoder gjorda bestämningarna ha omräknats till värden gällande för vinkeln 90° mellan alfa- och H-partiklarnas flygriktning. Olikheten i H-partiklarnas räckvidd för olika värden på denna vinkel tillskrives numera även i Cambridge inverkan av egenrörelsen hos den sprängda kärnan, som av alfapartikeln får en impuls framåt.

i Cambridge trott sig kunna påvisa för åtminstone två element, aluminium och svavel. Från det förra grundämnet skulle sålunda alfapartiklar från Ra C icke giva några H-partiklar om kortare räckvidd än 12 cm, från det senare 13 à 14 cm. Då undersökningar i Wien av Schmidt ådagalagt, att huvudmängden av H-partiklarna från aluminium ha en räckvidd understigande 5 cm, ett resultat, vartill en annan wienare, G. Stetter, kommit efter en oavhängig metod, så synes det rimligast hänföra denna motsägelse till samma orsak, förbiseendet av de ljussvaga scintillationerna från mindre snabba atomfragment, vilken ovan angivits som förklaring till skillnaderna i utbytessiffrorna mellan Cambridge och Wien.

I samband med denna fråga står jämväl den, om vilken räckvidd hos de bombarderande alfapartiklarna som erfordras, för att dessa skola åstadkomma en atomsprängning. I Cambridge hade man tidigare funnit alfapartiklar om kortare räckvidd än 4,9 cm vara ur stånd att spränga H-partiklar ur aluminium. Vid denna tid begränsade man sig ännu till att pröva på mycket långtgående atomfragment. I Wien, där man redan från början ägnat mest intresse åt de mindre snabba atomfragmenten, fann man en betydligt mindre räckvidd på alfapartiklarna vara tillfyllest för att spränga olika element. Så kunde Schmidt med alfapartiklar om föga mer än 1 cm räckvidd, erhållna genom att medelst absorption i glimmer bromsa snabba alfapartiklar, innan de fingo slå in i aluminium, påvisa, att ur detta ämne ett avsevärt antal H-partiklar erhållas, visserligen med övervägande mycket ringa räckvidd. Detta står i överensstämmelse med Rutherford's och Chadwick's iakttagelse, att ju mindre hastighet den bombarderande alfastrålningen har, dess kortare nå även de utsprängda atomfragmenten. I metodiskt avseende har detta resultat stor betydelse, enär det möjliggör användandet av det från störande gammastrålning alldeles fria ämnet polonium såsom källa för alfapartiklar vid atomsprängningsförsök, trots att partiklarna i fråga ha föga mer än hälften så stor räckvidd som de vilka erhållas med det tidigare såsom strålningskälla använda ämnet Ra C. Med polonium ha i Wien under de senaste åren omfattande sprängningsförsök utförts, och utvecklingen av de nya undersökningsmetoder, som ägt rum under denna tid, hade knappast varit möjlig utan denna strålningskälla.

På senaste tid har ett närmande mellan resultaten i Cambridge och i Wien inträtt på denna punkt, i det Chadwick förklarat sig finna utlösning av H-partiklar från aluminium kunna äga rum ännu med alfapartiklar om endast 3 cm räckvidd, d. v. s. cirka 2 cm mindre än det tidigare av honom såsom undre gräns angivna värdet.

Arten av de utsprängda atomfragmenten har efter de första bestämningarna av deras avböjning i ett magnetfält, vilka utfördes i Cambridge, och vilkas resultat talade för deras identitet med H-partiklar, varit föremål för undersökningar i Wien. Stetter har där utvecklat en exaktare metod för bestämning av deras e/m, d. v. s. förhållandet mellan elektrisk laddning och massa. Med hjälp härav har han med en hög noggrannhetsgrad kunnat fastställa, att de ur elementen bor och aluminium men även de ur kol och järn utsprängda atomfragmenten verkligen äro identiska med vätekärnor. Därmed kan dessa båda senare elements sprängbarhet även anses bevisad.

Stetter sökte med samma metod, vilken kommer att närmare beröras längre fram i detta arbete, påvisa förekomsten av elektriskt oladdade partiklar om väteatomens massa från alfabestrålad aluminium, s. k. *neutroner*. Dylika partiklar, efter vilka Rutherfords medarbetare tidigare förgäves sökt, böra vara opåverkade av såväl magnetiska som elektriska fält, d. v. s. visa avböjningen = 0. Även för Stetter var resultatet negativt: *om* dylika atomfragment verkligen existera, så bildas de i varje fall från aluminium i betydligt mindre antal än de vanliga H-partiklarna; något tecken för deras förekomst kunde över huvud taget icke märkas. Icke heller atomfragment om massan 3 (dessa skulle vara ett slags defekta alfapartiklar) kunde Stetter finna, ehuru man tidigare vid vissa försök trott sig spåra sådana. Frågan om atomfragment av annan laddning och massa än H-partiklarnas verkligen kunna utlösas vid atomsprängningen måste följaktligen lämnas öppen.

Frågan om atomsprängningens närmare förlopp är hittills mycket litet studerad, vilket förklaras av de ytterligt stora försökssvårigheterna. En därmed sammanhängande fråga är den, om från en och samma sprängda atomkärna endast en H-partikel eller två, eventuellt flera, utslungas. För att kunna konstatera detta, har man i Wien med särskilda anordningar, vid vilka scintillationsskärmen bringades så nära intill den bestrålade substansen som möjligt, sökt iakttaga dubbel-scintillationer, vittnande om att två atomfragment samtidigt infallit på den observerade delen av skärmens yta. Om dylika tvillingpar uppträda i avsevärt antal, måste detta tyda på att de emitteras ur en och samma sönderfallande atom. Detta visade sig emellertid icke vara fallet, och man har därför anledning antaga, att endast *ett* atomfragment utflyger ur varje söndersprängd atom, något som även av energetiska skäl är sannolikt.

Ett spörsmål av största intresse beträffande atomsprängningens förlopp är den söndersprängda atomkärnans vidare öden. Förlusten av en H-partikel betyder en minskning av såväl kärnans laddning som av dess massa med vardera en enhet. En sprängd aluminiumkärna borde sålunda få sin kärnladdning minskad från + 13 till + 12 och sin massa från 27 till 26, alltså förvandlas till kärnan av en magnesiumisotop. Detta förutsätter emellertid, att utom H-partikeln även den sprängande alfapartikeln lämnar kärnresten efter sprängningen. Redan de första undersökningarna efter den retrograda metoden i Wien talade emot detta antagande, i det att antalet från alfabestrålat aluminium återstudsande alfapartiklar visade sig vara mycket mindre än antalet samtidigt utflygande atomfragment. Tanken att alfapartikeln, som åstadkommit sprängningen, kunde själv *fastna i kärnan* och sålunda med denna, trots förlusten av en H-partikel, *syntetisera en kärna om högre laddning och högre massa* än den ursprungliga, uttalades på grundval av dessa försök och även av teoretiska skäl. En direkt bekräftelse härpå gavs kort efteråt genom en undersökning av Rutherfords medarbetare Blackett, som genom massfotografering av Wilsonbanor från alfapartiklar i kväve kunde påvisa förekomsten av inalles åtta frigjorda vätekärnor, vilka lämnade var sin av en snabb alfapartikel träffade kvävekärna, utan att alfapartikeln själv lösgjorde sig från kärnresten. Resultatet av denna atomsyntes kan klargöras genom följande »alkemiska reaktionsformel»:

$$N^{7}_{14} + He^{2}_{4} - H^{1}_{1} = O^{8}_{17}$$

eller, med ord uttryckt, kvävekärnan med laddningen + 7 och massan 14 adderar en heliumkärna (= alfapartikeln) med laddningen + 2 och massan 4 och förlorar samtidigt en vätekärna (= H-partikeln) med laddningen + 1 och massan 1, varigenom syntetiseras en syrekärna med laddningen + 8 och massan 17. Resultatet skulle alltså vara en atom av syre, men icke av det atomslag vi känna i det vanliga syret, vilkas atomer alla ha massan 16, utan en atom av en syre-isotop med massan 17.

Hittills har detta förlopp endast kunnat konstateras hos några av de lättaste grundämnena och man vet ännu ej, om den så syntetiserade atomkärnan är stabil eller själv inom kort upplöses. I förra fallet och under förutsättning, att en liknande kärnsyntes äger rum även vid tyngre atomslags sprängning, öppnas en möjlighet att på spektroskopisk väg iakttaga produkten, som nybildas exempelvis vid sprängning av grundämnena brom och jod, varur nämligen de spektroskopiskt lätt påvisbara ädelgaserna krypton och xenon böra uppstå.

Energiförhållanden vid atomsprängningen.

En fråga i samband med atomsprängningen, som har ett särskilt stort intresse, är den som avser dess energiförhållanden. Skulle alfapartikelns rörelseenergi så gott som oavkortad övergå på den utslungade H-partikeln, och den förra hopsmälta med kärnan utan att tillföra denna annan energi, än vad som föreskrives av stötlagarna, så borde de framåtriktade H-partiklarna få en räckvidd om något över 50 cm. Då nu de mest långtgående av atomfragmenten från aluminium, bor och fosfor, ha en räckvidd avsevärt överstigande detta värde, så följer därav, att energi i dessa fall måste frigöras. Denna energiutveckling kan icke komma från annat håll än *inifrån den sprängda kärnan.* För de allra snabbaste H-partiklarna från aluminium beräknas kärnans energitillskott vid sprängningen till icke mindre än 40 % av den energi alfapartikeln själv bär, alltså ett belopp jämförligt med det radioaktiva sönderfallets energiutveckling.

Även ett av de lättaste och därtill vanligaste grundämnena som aluminium är, måste alltså inne i sina atomkärnor dölja energiförråd av samma väldiga belopp som de, vilka uran eller radium under sekler eller miljarder av år långsamt frigöra vid sitt sönderfall!

Denna omständighet kan väl tyckas öppna sagolika perspektiv mot en ny guldålder, varunder jordklotets nuvarande produktion av stenkol och olja kan ersättas med utnyttjandet av de subatomiska energiskatter, som slumra i några få ton aluminium, en huvudbeståndsdel i vanlig lerjord. Men vid närmare eftertanke på grundval av kända fakta finner man, att denna utsikt, om ock teoretiskt möjlig, sannolikt ligger bortom gränserna för det realiserbara. Dels är det enda bräckjärn, med vilket man hittills förmått dyrka upp aluminiumkärnans energirika kassaskåp, alfapartiklar från sällsynta radioaktiva ämnen. Vidare är det blott en alfapartikel på tiotusen, som råkar träffa en aluminiumkärna så centralt, att en atomförvandling verkligen kommer till stånd. Och slutligen är det blott knappast ett fall på hundra av dessa sällsynta kärnträffar, vid vilket verkligen en så snabb H-partikel utsändes, att dess räckvidd överstiger 50 cm. I det vida övervägande antalet fall är räckvidden på H-partikeln blott en bråkdel av detta värde, som motsvarar en sprängning utan vare sig vinst eller förlust av energi. Detta visar å andra sidan, att alfapartikeln som spränger nästan undantagslöst satsar långt mera energi, än den utsprängda H-partikeln övertager. Och för övriga hittills undersökta grundämnen sker atomsprängningen, så vitt man kunnat konstatera, alltid under energiuppoffring, säkerligen använd till att lösgöra H-partikeln ur kärnans famntag.

Man ser alltså, att om ock obestridliga fakta från atomsprängningen visat, var naturens allra väldigaste energiförråd äro till finnandes, så visa de också huru oåtkomliga desamma, praktiskt taget, äro för oss människor. Det är ganska säkert, att den väg fram till den obegränsade energirikedomens guldålder, som forskningen har att tillryggalägga, innan vi kunna tvinga atomkärnorna att arbeta åt oss, om den över huvud taget är möjlig, måste bli lång och mödosam och rik på besvikelser. Vilket icke hindrar, att man kommer att försöka gå den.

Försök till elementförvandling enligt andra metoder.

Tid efter annan synas i pressen eller t. o. m. i den fysikaliska och kemiska facklitteraturen uppgiften, att det lyckats någon vetenskapsman eller tekniker att i mätbara mängder förvandla ett grundämne till ett annat. Än har man i ett urladdningsrör genom bombardemang av olika ämnen med katodstrålar fått fram gaser som icke funnits i röret på förhand, än har en elektrisk kondensatorurladdning genom en fin tråd av någon svårsmält metall bringat denna att explodera och en fullständig förvandling av metallen till heliumgas konstaterats. I andra fall återigen är metoden insvept i djup hemlighet, man får endast veta att oädla metaller kilovis förvandlas till guld eller silver, och uppfinnaren bringar det understundom därhän, att kapital anskaffas och fabriker byggas för en transmutation i teknisk skala.

I alla de fall där dylika metoder hittills kunnat kritiskt prövas har det visat sig, att den förmenta effekten berott på någon av upptäckaren förbisedd felkälla. Det ämne man trott sig framställa visar sig ha förefunnits från början i utgångsmaterialet eller ock ha inblandats däri under försökens gång. Bland de mest omtalade försöken av detta slag voro de, som för några år sedan företogos av den ansedde kemisten Miethe i Berlin och hans medarbetare Stammreich. I kvicksilvret från en kvicksilverlampa av vanlig typ, genom vilken en elektrisk ström om flera ampères styrka leddes under längre tid, kunde vägbara mängder guld erhållas, vilka skulle ha bildats ur kvicksilvret genom en verklig transmutation. Möjligheten av att enstaka av de ofantligt talrika elektroner, som strömma genom kvicksilverångan under det lampan brinner, skulle ha kunnat råka komma ända in till en kvicksilveratoms kärna och infångats av denna, bringande ned kärnladdningen från det för kvicksilvret karakteristiska värdet (+ 80) till guldets kärntal (+ 79), kunde icke på förhand betecknas som utesluten. Men i så fall borde »guldet ur kvicksilver» nödvändigtvis ha en från vanligt guld avvikande atomvikt, i stället överensstämmande med atomvikten för någon av kvicksilvrets isotoper, och detta visade sig icke vara fallet med ett prov på Micthcs guld, vars atomvikt bestämdes av den erkände mästaren på området, Hönigscmidt i München. När sedan den berömde kemisten Haber, uppfinnaren av ammoniakmetoden för vinnande av kvävegödningsämnen ur luften, lät Miethes metod kritiskt prövas i sitt laboratorium, kom förklaringen till den förmenta transmutationen. Kvicksilvret visade sig icke kunna fullständigt befrias från guld på det sätt som Miethe använt för att rena sitt utgångsmaterial. Vidare voro de guldmängder, som även efter långvarig behandling av sådant kvicksilver ur detsamma kunde utdragas, icke större än vad som motsvarade de möjliga föreningarna med guld och, vad som var särskilt graverande, guldmängden i fråga kunde ej bringas att växa över ett visst gränsvärde, huru länge behandlingen med elektrisk ström än fortsattes.[1] Försök utförda i Amerika enligt Miethes metod att ur naturligt kvicksilver, som visade sig undantagsvis vara alldeles fritt från guld, erhålla spår av denna metall misslyckades fullkomligt. Därmed torde detta sena försök till guldmakeri vara slutgiltigt överfört till de krossade illusionernas stora skara. De snarliknande, av två holländska forskare ungefär samtidigt utförda försöken att ur tallium och bly behandlade med starkström erhålla kvicksilver, synes gå samma öde till mötes, så att för närvarande atomsprängningen med alfapartiklar står såsom den enda metoden med

[1] Med de av Habers medarbetare utvecklade metoderna att analytiskt påvisa guld låta sig mängder om mindre än ett tiomiljondels gram av den ädla metallen iakttagas och mätas. Som jämförelse må nämnas att man medelst mätningar av elektriska ledningsförmågan, som den ur spår av radium bildade emanationen ger åt luften i ett jonisationskärl, kan påvisa och mäta radium i mineral ännu i mängder om hundrabiljondels gram!

vilken bevisligen en förvandling av grundämnen ernåtts.

Den gyllene regeln att »aldrig säga aldrig» förtjänar emellertid att tillämpas även på transmutationsproblemet. Att man med andra medel än alfapartiklarna till sist skall lyckas övervinna atomkärnornas stabilitet är för ingen del uteslutet. Dock torde vägen härtill snarare gå över kanalstrålar om mycket hög hastighet, alstrade med elektriska spänningar om en miljon volt eller mera, alltså ett slags artificiella alfapartiklar, än över elektroner.

Skulle det i en framtid visa sig vara möjligt att i större mängder förvandla ett grundämne till ett annat, så komme ganska säkert värdet av den erhållna produkten att spela en försvinnande ringa roll bredvid värdet av de energimängder som därvid måste offras, eller som omvänt möjligen läte sig vinnas ur de förvandlade atomkärnorna. M. a. o. guldmakeri för guldets skull kommer knappast någonsin att löna sig.

ETT MODERNT ALKEMISKT LABORATORIUM

I Radiuminstitutets emanations-kammare.

En alkemists verkstad — för fantasien framträder visionen av ett dystert rum, vars gotiskt välvda tak förlorar sig i halvdunkel. Bord och hyllor av svartnad ek äro belamrade med gamla manuskriptrullar, kristaller, astrolaber och djurskelett. Vid en flammande koleld, tunga metallretorter och otympliga glaskolvar, över vilka böjer sig en grånad gubbe, mumlande magiska formler och spejande i den sjudande vätskan efter den åtrådda metallen.

I vårt århundrade rör sig alkemisten i en mera prosaisk omgivning, men icke dess mindre äro de företeelser han studerar och de naturkrafter han tager i sin tjänst föga mindre fantastiska, än dem hans medeltida föregångare trodde sig behärska och med maktspråk tvinga att utföra transmutationen, förvandlingen av oädla metaller till purt guld.

Låt oss kasta en blick in i Radiuminstitutets emanationskammare, där naturen av sig själv utför elementförvandlingens under och därifrån vi, de gamla magernas efterföljare, hämta vapen, med vilka atomernas motstånd krossas. I en liten kammare, föga mer än två meter i fyrkant, är den ena kortväggen nästan

Fig. 28. Emanationsanläggningen vid elektriskt ljus.

täckt av en vidlyftig glasapparatur med stora, kvicksilvertätade kranar, torkrör innehållande ett fuktighetsbindande, snövitt pulver, ballonger av glas och grenrör, det hela mynnande i en stor kvicksilverpump längst till höger. Genom att växelvis höja och sänka kvicksilvret i denna kan man pumpa ut all luft ur systemet. Dettas innersta del, längst till vänster på figur 28, som visar emanationsanläggningen vid elektriskt ljus, är en stor glaskolv om två liters rymd, djupt violett till färgen, och skyddad av en yttre glascylinder av mörkbrun kulör. För 8 år sedan, när kolven först

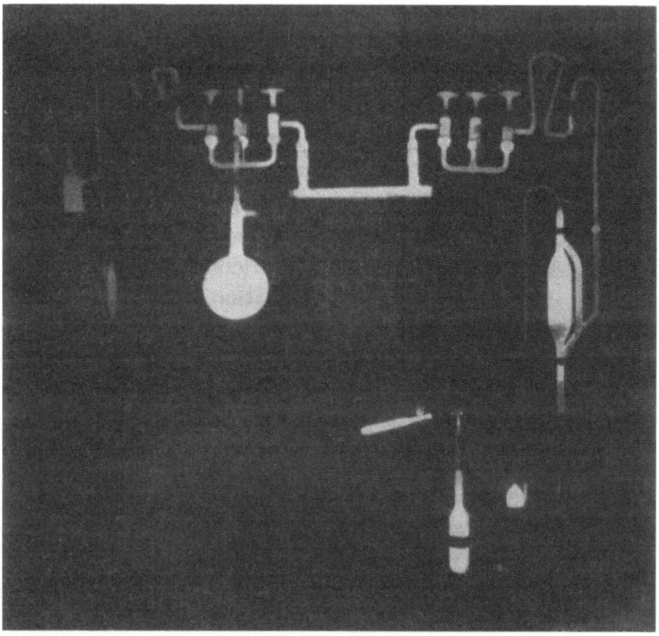

Fig. 29. Emanationsanläggningen självlysande.

sammansmältes med rörledningen, var såväl den som den omgivande cylindern ofärgade som vanligt glas. Men kolven fylldes då med Radiuminstitutets förnämsta skatt, en lösning innehållande över ett gram radiumelement i form av klorid, och den intensiva strålning, som utgår därifrån, har under årens lopp färgat det vattenklara glaset brunt eller violett, allt efter glasets sammansättning.

Släckes ljuset i emanationskammaren, så synas, sedan ögonen väl hunnit vänja sig vid mörkret, kolven och rörledningen därifrån ända till den första stängda kranen lysa med ett fosforaktigt skimmer. När kranen öppnas breder ljustöcknet hastigt ut sig i den övriga rörledningen ända till kvicksilverpumpen, vars tomma glasbehållare också fylles därav. Ett pumpslag pressar dess innehåll i förtätad och mera lysande form ned i en liten behållare, där det uppsamlas ovanför kvicksilver. Ytterligare några pumpslag och behållaren är nästan fylld av lysande töcken, under det skenet samtidigt avtager i pumpen och rörledningen till denna. Figur 29 visar en bild av emanationskammarens glasapparatur fylld med den lysande gasen och fotograferad vid det därifrån utgående ljuset.[1] Av radiumkolven själv synes helt svagt (längst till vänster på bilden) dess hals, som skjuter upp över kanten av skyddscylindern. Den starkast lysande kulan är en glasballong, som anslutes till radiumkolven, när denna under längre tid icke avpumpas, och i vilken gasen som bildas får samlas.

Det lysande töcken, som kan bortpumpas från radiumlösningen och som ständigt nybildas från densamma, består till största delen av knallgas, en explosiv blandning av vätgas och syrgas bildad genom sönderdelning av vattnet i radiumlösningen under strålningens inverkan.[2] Mellan 30 och 40 kubikcentimeter därav utvecklas under loppet av ett dygn. Genom att i en starkväggig glasbehållare, synlig längst ned å figurerna 28 och 29, låta en elektrisk gnista slå igenom den

[1] En hel natts exponering med ett ljusstarkt objektiv har erfordrats för att erhålla detta fotografi, som torde vara det första i sitt slag.

[2] Denna bildning av knallgas försiggår även från radiumpreparat i fast form insmälta i glasrör, så snart dessa innehålla fuktighet, och kan föranleda explosioner, vid vilka större eller mindre delar av det dyrbara materialet kunna förloras.

avpumpade gasen bringas denna att explodera, syret och vätet återförena sig till vatten, varvid volymen minskas till en bråkdel av den ursprungliga, samtidigt som lysandet från denna mer koncentrerade emanation mångdubblas i styrka.

Ljuset utgår huvudsakligen från glasväggarna i apparaturen och förorsakas av det intensiva bombardemang, som dessa äro utsatta för genom den radioaktiva strålningen från emanationen och dess avkomlingar. Denna bildas, såsom i det föregående omtalats, genom radiums sönderfall och är ett gasformigt ämne, liknande de i atmosfären sparsamt förekommande ädelgaserna. Den är i hög grad radioaktiv och utslungar oupphörligen brottstycken av sina i sönderfall stadda atomer. Då radium sönderfaller mycket långsamt, emanationen däremot hundrafemtiotusen gånger fortare, så är den emanationsmängd, som på en gång kan avskiljas från radiumkolven, den s. k. jämviktsmängden, ytterst liten och skulle i ren form vid atmosfärstryck bilda en gasblåsa om ett knappnålshuvuds storlek. Men denna lilla gasmängd utsänder, tack vare sitt hastiga sönderfall, en strålning nära nog lika stark som den, vilken utgår från hela radiummängden i kolven, den besitter största delen av dennas totala »aktivitet».

Införd i små synålsfina, tunnväggiga glasrör användes emanationen i stor utsträckning till bekämpande av den fruktansvärda kräftsjukdomen. De emanationsfyllda glasnålarna anbringas utanpå kräftsvulsten, eller ock införas de i snitt gjorda i densamma, och utöva radiumstrålningens förstörande inverkan på den upproriska cellkolonien, där denna icke kan åtkommas av kirurgens kniv.

Radiumemanationens rening.

I Radiuminstitutet användes emanationen för ett annat slag av krigföring, till beskjutningen av atomer för att genom dessas sönderssprängning åstadkomma den av alkemisterna åtrådda elementförvandlingen. För att kunna användas härtill måste emanationen underkastas en ännu kraftigare koncentrering, än vad enbart knallgasens avlägsnande genom explosion till vatten medför. Den är nämligen ännu efter denna operation starkt utspädd med andra gaser, mest väte, som alltid förefinnes i överskott, ävensom kolväten och kolsyra, vilka bildats genom radiumstrålningens inverkan på det fett, som användes till att täta kranarna i apparaturen.

Den till någon kubikcentimeters volym uppgående gasmängden införes därför efter explosionen i en liten glasbehållare ansluten till explosionskärlet (synes å figur 29 något nedanför mitten av bilden), vilken innehåller fast kali, som tager bort kolsyran. Innesluten i denna behållare bäres emanationen upp i en övre emanationskammare, där reningsarbetet fortsättes. De återstående föroreningarna äro till största delen gaser, från vilka emanationen kan befrias med tillhjälp av flytande luft. Vid dess temperatur, 190° under noll, antager emanationen fast form, så att de »permanenta» gaser, med vilka den är blandad, kunna bortpumpas.

För att ernå detta låter man gasblandningen långsamt passera genom ett smalt glasrör, böjt i U-form och nedsänkt i en termosbägare med flytande luft. Omedelbart ovanför den punkt, där U-röret neddoppar i den flytande luften, avsätter sig emanationen och förråder sig för ett i mörker utvilat öga såsom en i

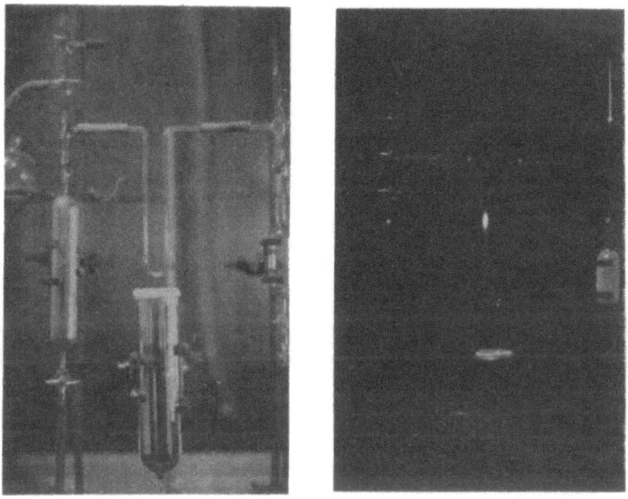

Fig. 30. Emanationens rening genom utfrysning med flytande luft.

smaragd, understundom i rubin, strålande ring på glasrörets insida. Med en kvicksilverpump bortsugas de andra gaserna från den frusna emanationen och när ett tillräckligt lågt tryck ernåtts, förbindes U-röret med en lufttom glasbehållare, varefter den flytande luften avlägsnas. Man ser då inom loppet av någon minut, huru hela glasbehållaren fylles av det bekanta fosforskimret, ett tecken på att den frusna emanationen ånyo övergått i gasform. Fylles så glasbehållaren underifrån med kvicksilver, kan den renade emanationen sammantryckas ovanför detta till en intensivt lysande gasblåsa om några tiotal kubikmillimeters rymd. Därmed har likväl icke den lysande ringen i U-röret, där emanationen satt bunden, försvunnit. Skenet fortfar att utsändas en längre stund efter det emanationen åter-

Fig. 31. Apparat för högkoncentrering av emanation (vid elektriskt ljus).

förflyktigats, ett tecken till att den under frysningen hunnit avsätta spår av sina aktiva avkomlingar, Radium A, B och C. Dessa bombardera glasväggen med sina atomfragment allt under det de sönderfalla, varvid ringen så småningom svinner bort. Figur 30 innehåller en dubbelfotografi från en dylik rening av emanationen, tagen, den ena vid elektriskt ljus, den andra vid emanationens eget ljus Den lysande fläcken gav i detta fall ett så intensivt sken, motsvarande den stora emanationsmängd som setat utfrusen där under en längre stund än vanligt, så att den genom överexponering verkar betydligt bredare å bilden än i verkligheten. När exponeringen påbörjades hade emanationen redan förflyktigats, varför dess sken synes fylla glasbehållaren till höger. Även dennas smala fortsättning uppåt, ett kapillärt glasrör, är synlig, tack vare att en del av emanationen hållits hoptryckt där någon stund

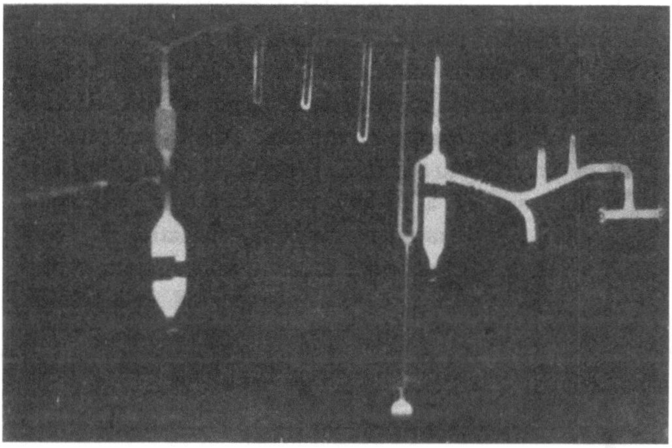

Fig. 32. Apparat för högkoncentrering av emanation (självlysande).

före exponeringen och belagt glasrörets insida med ett strålande skikt av Ra C.

Genom utfrysningen har emanationen nått en lämplig renhetsgrad för att man ur densamma skall kunna framställa dess följeprodukter, radium A, B och C, vilket sistnämnda ämne är den strålningskälla, som i stor utsträckning använts till sprängning av atomer. För vissa mätningar, där en särskilt intensiv och därjämte mera konstant alfastrålning kräves, såsom vid försöken att väga atomfragmenten i flykten, är det fördelaktigare att använda emanationen själv tillsammans med dess närmaste avkomlingar. I detta fall avtager nämligen strålningen, icke som för preparat av Ra B + C till halva styrkan under loppet av en halvtimme, utan i det långsammare tempo som bestämmes av emanationens sönderfall, med ungefär 15 % per dygn.

För detta ändamål inneslutes emanationen i en synålsfin kapillar av glas, liknande den medicinare använda mot kräfta men ännu långt tunnväggigare, så att alfapartiklarna skola kunna flyga ut tvärs igenom dessa utan att förlora för mycket av sin hastighet, innan de slå in i det grundämne, vars sprängning man vill studera. För att kunna få plats i en dylik glaskapillar måste emanationen först koncentreras till en högre grad av renhet, d. v. s. bringas till ännu mindre volym, än vad som är möjligt genom enbar utfrysning med flytande luft.

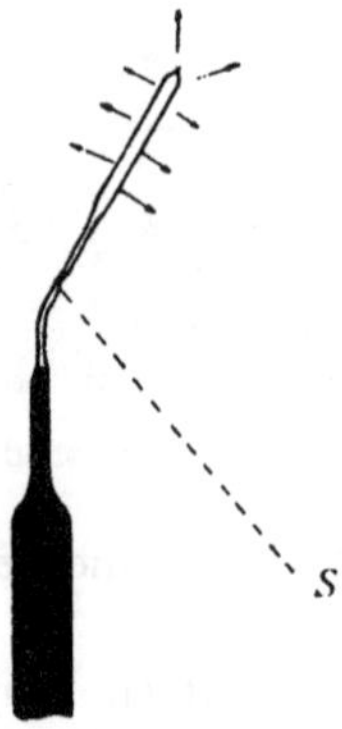

Fig. 33. Glaskapillaren vari emanationen insmältes.

Emanationens koncentrering till ren eller nära ren form stöter på rätt stora tekniska svårigheter, beroende därav, att den högkoncentrerade emanationens intensiva strålning mycket hastigt frigör gaser ur såväl gummislangar som kranfett, alltså just ur de ämnen som användas för att förena olika delar av glasapparaturer med varandra. Denna gasbildning sker så snabbt, att ren emanation i beröring med kranfett inom loppet av några minuter kan mer än tiodubbla sin volym! Man måste följaktligen använda sig av apparater, där såväl gummi som fettade kranar undvikas, och emanationen endast får komma i beröring med glas och kvicksilver. En sådan apparat, som användes i Radiuminstitutet, synes å figur 31 i elektriskt ljus och i figur 32 självlysande. Dess viktigaste del består i tre U-rör sammansmälta i serie efter varandra, i vilka emanationen får successivt utfrysas med flytande luft.

Från det sista U-röret[1] får den i renad form strömma över i en behållare, som upptill mynnar i en fin kapillar, tecknad särskilt i figur 33. Genom att underifrån fylla behållaren med kvicksilver tvingas emanationen in i kapillaren, vilken därefter avsmältes.

Utförandet av denna sista operation, vid vilken den intensivt alfastrålande, ytterligt bräckliga glasnålen måste fasthållas med fingerspetsarna utan att krossas, under det man med en sticklåga avsmälter den från kapillarens fortsättning nedåt vid *s*, är en operation som fordrar goda nerver. Det har visat sig möjligt att på detta sätt innesluta ända till 300 millicuries emanation, d. v. s. den i jämvikt med 300 milligram radium stående emanationsmängden, i en glaskapillar, som höll 10 mm i längd, mindre än 1 mm i vidd och hade väggar omkring 0,006 mm tjocka. Då i regel kapillaren avsmältes vid undertryck, bör den förvaras i en lufttom behållare. Med en lika tunnväggig emanationsfylld glasnål, som mellan två försök förvarades i luft av vanligt tryck, hände det, att det yttre lufttrycket klämde in ena väggen i kapillaren, så att denna blev konkav, utan att därför läckage uppstod.

Även för undersökningar av emanationens spektrum, då en ännu högre renhetsgrad fordras, har den här skildrade koncentreringsanordningen kommit till användning.

[1] Nummer 2 från vänster räknat. Det därefter följande längre röret med en förgrening nedåt är ett kvicksilver-spärr, som ersätter en kran.

Framställningen av Radium B+C.

Av alla uran-radiumdynastiens medlemmar lämnar radium C, emanationens avkomling i tredje led, de snabbaste alfapartiklarna med en rätlinjig skottvidd i luft om 7 cm. Får emanationen vara i beröring med fasta föremål såsom väggarna i den behållare, vari den är innesluten, avsätter den därå sina närmaste produkter, radium A, B och C, varav radium B endast ger betapartiklar, under det såväl radium A som C ger alfapartiklar.[1] Utbytet av dessa ämnen blir väsentligt högre, om det föremål som skall »aktiveras» hålles laddat med negativ elektricitet, eftersom de nyfödda »rekyl-atomerna» själva bära positiv laddning och därför dragas intill ett negativt laddat föremål. Får en liten, negativt laddad skiva på detta sätt aktiveras i emanation under loppet av några timmar, så avsätta sig på densamma en viss mängd av de under tiden bildade aktiva produkterna. Beläggningen är fullkomligt osynlig, även för starka preparat uppgår dess vikt till högst några miljondels milligram, men dess alfastrålning kan vara så intensiv, att luften i skivans närhet formligen stinker av till ozon förvandlad syrgas, och med zinkvitt målat träverk flammar upp i mörkret, när skivan hålles så, att färgen nås av alfastrålarna.

Den elektriska aktiveringsmetoden giver i regel ett ganska dåligt utbyte och har dessutom den olägenheten, att det aktiva beslaget endast ofullkomligt häftar vid underlaget och lätt avstrykes från detsamma, en för undersökningar över atomsprängning synnerligen olycklig omständighet. I Radiuminstitutet har man därför sedan flera år tillbaka begagnat en annan metod för

[1] Jämför noten å sidan 27. Alfapartiklarna om räckvidden 7 cm. komma egentligen från radium C:s avkomling, Ra C'.

att tvinga emanationen att mera kvantitativt avsätta sina följeprodukter. Med stark köld bringas den att frysa ut på den skiva, som skall aktiveras, och hålles där fängslad genom fortsatt avkylning under så lång tid, som erfordras för att »jämviktsmängderna» av Radium A, B och C skola hinna att bildas, $2^1/_2$ till 3 timmar. Dels fås på detta sätt en mycket stor del av de nybildade atomerna att avsätta sig på underlaget, dels bli de, genom rekylverkan vid sönderfallen då alfastrålar utslungas, så inhamrade i detta, att dess yta kan försiktigt poleras med fint smärgelpapper, utan att större delen av aktiviteten borttages.

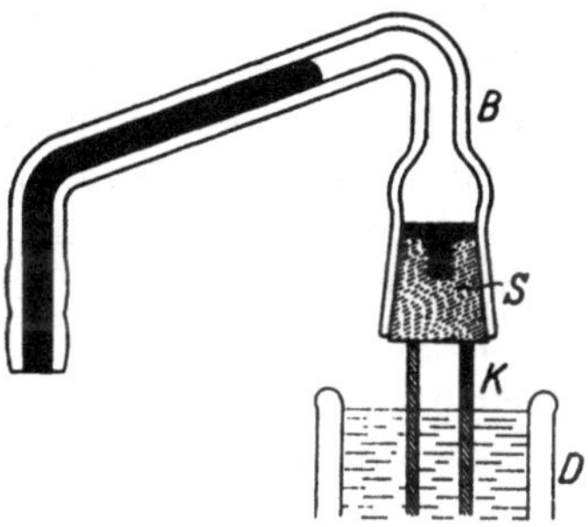

Fig. 34. Anordning för aktivering med flytande luft (i höjdgenomskärning).

Anordningen, som begagnas för framställande av radium B + C-preparat enligt frysningsmetoden, är enkel nog och återges i figur 34, som visar ett höjdsnitt av apparaten. Denna består av en liten behållare av smält, glasklar kvarts, nedtill sluten av en omsorgsfullt inslipad konisk propp av nickelstål, »invar», känt för sin utomordentligt ringa värmeutvidgning. Då den smälta kvartsen har samma egenskap, kan en välgjord slipning av denna art, tätad med små mängder gummifett, hålla lufttätt trots betydande temperaturförändringar. I den på förhand lufttomma apparaten införes torr och kolsyrefri emanation, varefter invarproppen kyles genom att ett kopparrör, som bildar dess fortsättning nedåt, omgives av flytande luft. På några få minuter är hela proppen avkyld till — 190°, under det kvartsens dåliga värmeledningsförmåga hindrar kölden att spridas till behållarens övriga delar. Enligt »den kalla väggens lag» avsätter sig mycket snart all emanation i frusen form på stålproppens övre yta, vilket märkes därpå, att det vackert blåa ljus, som kvarts under stark alfabestrålning utsänder, flyttar sig mot behållarens nedre del och till slut koncentreras till en intensivt lysande rand intill proppens övre kant, där alfabombardemanget från den frusna emanationen är starkast, t. h. i figur 35.

Sedan emanationen hållits fjättrad vid stålytan under några timmars tid, för att dess aktiva följeprodukter skola hinna bildas, borttages den flytande luften, varefter man snart ser det välkända ljustöcknet sprida sig över behållarens inre, ett tecken att emanationen åter övergått i gasform. Denna kan så bortsugas med en kvicksilverpump, proppen uttagas, och den däri inskruvade skivan, som bildar dess översta del (svärtad i figur 34) och vars yta är belagd med ett osynligt lager av Ra A, B och C, lösskruvas.

Innan det så framställda aktiva preparatet (för vissa försök användes i stället för en skiva en i proppens övre yta infälld flat ring av nickelstål) kan användas såsom strålningskälla vid atomsprängningsförsök, måste alla spår av vidhäftande emanation avlägsnas. Preparatet tvättas därför först med alkohol och införes så i ett rör av hårdsmält glas, varifrån luften utpumpas och som sedan under några minuter upphettas till svag rödglödgning i en elektrisk ugn. Så uttages preparatet, putsas med smärgelpapper och får sin aktivitet bestämd. Detta sker mycket enkelt genom

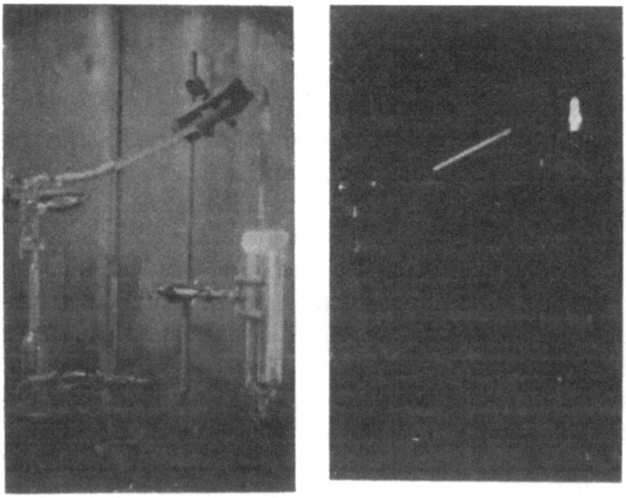

Fig. 35. Framställning av Ra B + C ur frusen emanation, t. v. vid elektriskt ljus, t. h. självlysande.

att mäta, huru snabbt dess genomträngande gammastrålning, filtrerad genom en centimetertjock blyplatta, förmår urladda ett bakom denna uppställt elektroskop. Anordningen ifråga har på förhand prövats med en radiumstandard, så att preparatets styrka kan direkt angivas i det antal milligram radium, som dess strålning motsvarar. Är det för starkt för ändamålet, så avlägsnas den överflödiga aktiviteten genom polering med smärgelpapper och mätningen upprepas.

En med radium C aktiverad skiva eller ring, vars gammastrålning urladdar elektroskopet lika snabbt som den från 10 mg radium, utslungar varje sekund ett totalt antal alfapartiklar uppgående till 370 000 000. Detta, för beskjutning av andra elements atomer avsedda batteri, har sålunda en effekt, vilken ifråga om projektilernas antal ofantligt överträffar den värsta »trumeld», som någonsin utvecklats under Sommekrigets dagar. Skottvidden, 7 cm i luft är, mätt med atomens dimensioner som mått, också imponerande. Tyskarnas långskjutande kanoner, med vilka de bombarderade Paris från ett avstånd om över 40 kilometer, kastade sina granater en sträcka något hundratusentals gånger kalibern. Alfapartikeln rör sig i luft en väg billioner gånger större än dess egen diameter, trots att den samtidigt genomborrar något hundratusental mötande atomer. I alldeles lufttomt rum, där intet motstånd finnes för partiklarna utan deras skottvidd är obegränsad, skulle de exempelvis tillryggalägga avståndet från solen till jorden på några timmar.[1] Med dessa fakta för ögonen torde man få en viss respekt för atomernas artilleri.

Ett på ovan skildrade sätt framställt preparat innehåller till en början alla emanationens tre närmaste följeprodukter, radium A, B och C i jämvikt med varandra. När aktiveringen avbrytes och de skiljas från emanationen, kan någon nybildning av radium A icke längre äga rum. Då detta ämnes förvandling sker mycket snabbare än de båda följande produkternas, hinner det att så gott som fullständigt försvinna, innan preparatets förbehandling och mätning avslutats. Detta innehåller därefter endast radium B och C, varav det första, såsom långsammast sönderfallande, bestämmer avklingningens tempo. Ett dylikt preparat minskas till

[1] Man har också tvekat, huruvida de korpuskler som från solen slå in i jordatmosfärens högsta lager och där åstadkomma norrskenets sällsamma ljusfenomen åtföljda av magnetiska stormar vid jordytan, äro elektroner eller alfapartiklar från i solatmosfären skeende radioaktiva förvandlingar. Den förstnämnda förklaringen anses numera vara den riktiga.

styrkan med jämnt hälften på nära en halv timme och dess strålning är följaktligen efter två timmar nere på en sextondel av sin begynnelseintensitet. Av denna anledning måste mätningarna, vid vilka det användes som strålningskälla, utföras med en viss skyndsamhet, för att icke beskjutningen med dess alfaprojektiler skall hinna bli allt för svag. Varje opåräknat dröjsmål vid preparatets behandling och mätning eller vid dess införande i försöksapparaturen minskar den tid, under vilken observationer av atomfragmenten kunna utföras, och kan lätt medföra, att försöket över huvud taget misslyckas, så att en dags förberedande arbeten av flera medarbetare äro bortkastade.

Räkning av atomfragmenten.

Den omsorgsfulla rening av strålningskällan från varje spår av vidhäftande emanation, som skildrats i det föregående, är absolut nödvändig för att förebygga vad som kallas »radioaktiv smitta», d. v. s. den spårvisa förekomsten av alfastrålande ämnen inuti försöksapparaturen på andra ställen, än där strålningskällan är anbragt. Även ett fåtal alfapartiklar fallande på scintillationsskärmen från dylika spår av emanation eller lösryckta fragment av Ra C kan vara nog för att hindra påvisandet av de sällsynta atomfragmenten. Av denna anledning kunna försöken omöjligt utföras i Radiuminstitutet, vars luft i regel innehåller märkbara spår av emanation, utan ha måst förläggas till en angränsande byggnad, vari Wieneruniversitetets fysikaliska institut äro inrymda. Båda byggnaderna förenas av en inbyggd brygga, över vilken det färdiga preparatet skyndsamt bäres till försöksrummet, där allt måste vara förberett för att mottaga detsamma.

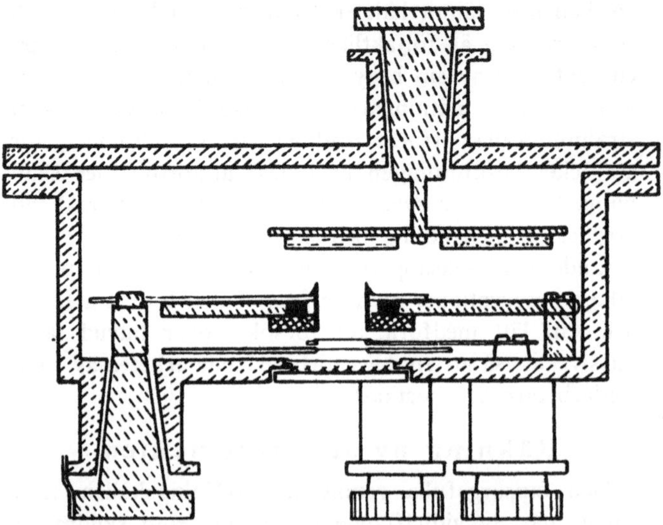

Fig. 36. Höjdgenomskärning av atomsprängningsapparat.

Som en ytterligare garanti mot att fragment av dess aktivitet lösryckas och smitta ned apparaten blir den blankpolerade skivan eller ringen doppad i en svag lösning av celluloid i absolut vattenfri alkohol-eter. Sedan lösningsmedlet avdunstat, synes ytan skifta i regnbågens färger till tecken, att en mycket tunn hud av celluloid dragits över densamma, vilken alfapartiklarna utan nämnvärd bromsning kunna genomslå, under det lösryckandet av aktiva fragment försvåras. Under det strålningskällan framställes på det ovan skildrade sättet, måste själva försöksapparaten förberedas. Denna måste i sin helhet, liksom skottavlorna av de grundämnen, som däri skola undersökas, noga prövas på frihet från spår av »radioaktiv smitta».

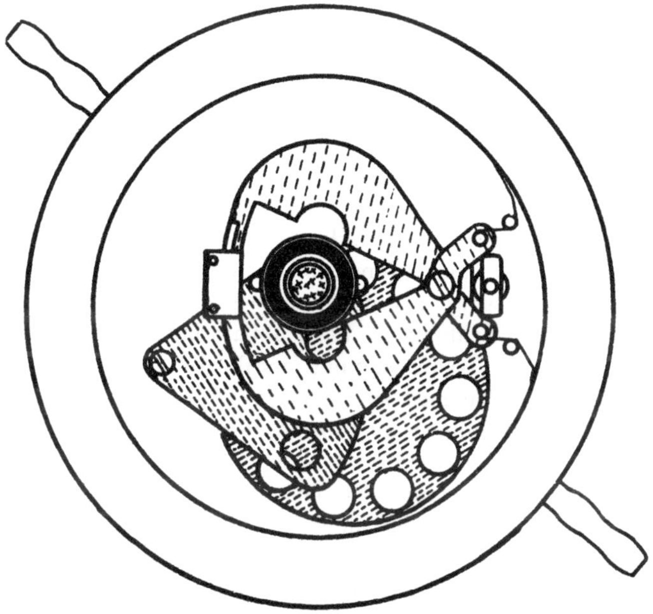

Fig. 37. Atomsprängningsapparat sedd uppifrån.

Den form av sprängningsapparat som visat sig mest ändamålsenlig, sedan väl ett dussin andra konstruktioner genomprövats, återgives i figur 36, som ger ett höjdsnitt, figur 37 ett horisontalsnitt genom anordningen. Strålningskällan, som har ringform, markeras svärtad, figur 36 visar den i genomskärning som två svärtade fyrkanter. Den vilar på ett underlag av bly eller guld, också av ringform (dubbelstreckat i figuren), avsett att försvaga preparatets genomträngande gammastrålning innan den når till scintillationsskärmen, markerad med små kors. Skivor om 30 mm i diameter av de grundämnen som skola undersökas finnas, tre eller fyra till antalet, anbragta på en vridbar hållare ovanför strålningskällan (synas å figur 36 i genomskärning), så att de, en efter en, kunna inställas mitt ovanför denna. En del av de atomfragment, som därvid utsprängas ur de bombarderade atomerna, nå scintillationsskärmen genom kanalen, som leder lodrätt nedåt rakt igenom den alfastrålande ringen. I vägen för dessa atomfragment kunna tunna glimmerblad, anbragta på två hållare av mässing, inskjutas omedelbart framför skärmen genom vridning av två i apparatbottnen inslipade proppar. En tredje slipning möjliggör att övertäcka strålningskällan med en slutare av mässinglameller, så att alfabestrålningen av substansen upphör. Hela apparaten är innesluten i ett evacuerbart hylle av tjock mässing, tillslutet medelst omsorgsfullt slipade kanter. Luften utpumpas eller andra gaser ledas genom apparaten förmedelst två tilledningsrör, utritade i figur 37.

Minst en halvtimme före försökets början sättas de personer, som skola räkna scintillationerna, i mörk arrest, för att deras ögon skola hinna adapteras till största möjliga känslighet. Först när allt är klart, strålningskällan på plats och apparaten antingen lufttom eller fylld med ren heliumgas, inledas räknarna och observationerna taga sin början, i det den ena efter den andra av dem tager plats vid scintillationsmikroskopet. Genom tjocka blyklotsar lagda i vägen för gammastrålningen förhindras, att denna oförsvagad når den räknandes huvud, vilket annars skulle hastigt nedsätta hans ögons känslighet. Protokollföraren tager plats bakom en skärm, där en röd mörkrumslampa belyser hans protokoll, och försöksledaren ställer sig vid apparaten, som han känner tillräckligt väl för att även i mörker kunna ställa in till bestrålning vilken substans han önskar, eller införa en viss absorption i atomfragmentens väg utan räknarnas vetskap. På order av protokollföraren börjar vederbörande räknare ropa ut vad han ser i mikroskopet, angivande med »H-» eller med »alfa» om scintillationen, efter ljusstyrkan att döma, förefaller att vara framkallad av en väte- eller av en alfapartikel. Efter loppet av en viss tid, i regel endast 20 à 30 sekunder, ropas »stopp», och sammanlagda antalet iakttagna scintillationer av båda slagen antecknas i protokollet, ävensom den kombination av bestrålad substans och använt absorptionsglimmer, som förefanns vid räkningen, vilka försöksledaren efteråt anmäler till protokollföraren.

Allt som oftast under räkningens gång införas de i apparaten inbyggda strålningskällorna för alfa- eller för H-partiklar framför skärmen, så att räknaren har möjlighet jämföra deras scintillationer med dem han skall diagnosticera. Ävenså övertäckes då och då strålningskällan med slutaremekanismen för att konstatera, att inga eller på sin höjd enstaka scintillationer då synas, d. v. s. att ingen nämnvärd radioaktiv smitta förefinnes inuti apparaten. Skulle detta likväl vara fallet, måste försöket avbrytas till dess smittan kunnat avlägsnas, vilket emellertid i regel leder till försökets uppgivande.

Ehuru räknarna arbeta omväxlande med varandra och med några minuters vilopaus mellan var eller varannan räkneperiod, är ansträngningen iakttaga de ljussvaga scintillationerna så stor, att tydliga trötthetssymptom visa sig, om räkningen utsträckes mer än 1 à 1 $^1/_2$ timme. Även med denna begränsning bör en och samma räknare icke användas vid mer än högst

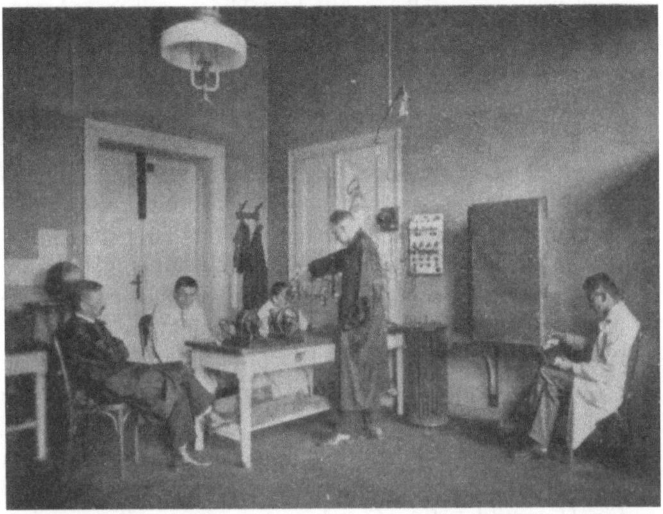

Fig. 38. Räkning av atomfragment.

två försök i veckan, då annars kroniska trötthetssymptom snart visa sig och resultaten bliva sämre.

Huru zinksulfidskärmen vid ett atomsprängningsförsök ter sig för ett utvilat öga beror i hög grad på arten och styrkan av strålningskällan. Är denna radium C och är preparatet starkt, såsom alldeles i början av en försöksserie, märkes en tydligt diffust ljus över hela den i mikroskopet synliga delen av zinksulfidskärmen, vars korniga struktur märkbart framträder, en effekt av den genomträngande gammastrålningen från preparatet. Mot denna ljusa bakgrund har man svårt att urskilja scintillationerna, särskilt de svaga från H-partiklarna. Efter hand som försöket fortskrider och strålningskällan avklingar, minskas detta bakgrundsljus och scintillationerna avteckna sig bättre, ungefär som de svagare stjärnorna träda fram mot en mörknande kvällshimmel. Detta är orsaken, varför det relativa utbytet av H-partiklar under i övrigt lika förhållanden synes tillväxa under loppet av ett försök och når sitt högsta värde mot slutet av detsamma, då strålningskällan är så svag, att skärmens bakgrund är nästan svart. Enligt våra erfarenheter utgör detta zinksulfidskärmens diffusa lysande den förnämsta svårigheten vid räknandet av atomfragmenten och ger förklaringen till att de långsammaste av dessa, vilkas scintillationer också äro svagast, vid vissa försök fullkomligt förbisetts. Vi ha därför i Wien genomgående arbetat med relativt svaga strålningskällor och på senare år i stor utsträckning övergått till att använda det från genomträngande strålning nästan alldeles fria ämnet polonium som källa för alfapartiklar i stället för radium C. Zinksulfidskärmen ter sig under sådana förhållanden nästan helt svart, och scintillationernas synbarhet är sålunda den bästa möjliga.

Figur 39 och 40 avse att visa vad som synes i räknemikroskopet vid ett sprängningsförsök med i ena fallet starkt, i andra fallet svagt bakgrundsljus hos skärmen.[1] Bildens bakgrund är i båda fallen en verklig fotografi av zinksulfidskärmen, tagen genom det vid räkningarna använda mikroskopet, i förra fallet måttligt, i senare fallet mycket starkt kopierat. Scintillationerna, vilkas ljusstyrka är allt för liten för att medgiva en verklig fotografering, ha intecknats å plåten i ungefär den riktiga styrkeproportion, som förefin-

[1] Uppträda fler än sextio scintillationer per minut inom mikroskopets synfält bli räkningarna mindre tillförlitliga och måste ske genom att antalen som iakttagas gruppvis utropas. Å andra sidan är ett scintillationstal om mindre än femton per minut för lågt för goda observationer.

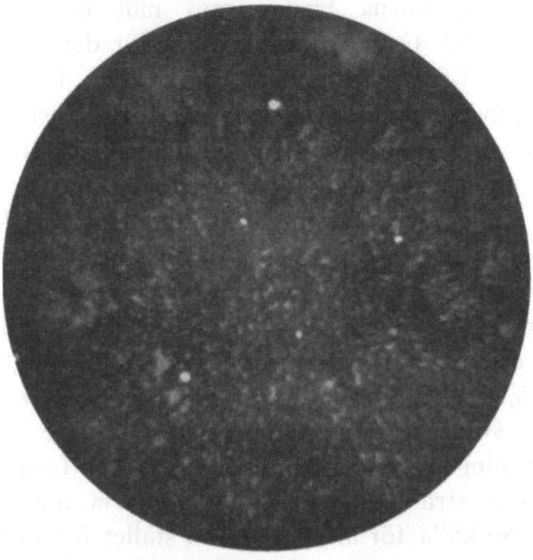

Fig. 39. Hur scintillationerna te sig i räknemikroskopet med bakgrundsljus hos skärmen.

nes mellan alfa- och H-scintillationer. Två av det förra och tre av det senare slaget synas å båda bilderna, alltså egentligen mera än vad som vid en verklig räkning brukar få förekomma samtidigt. Ehuru bilderna sålunda äro artificiella, giva de dock en god föreställning om skillnaden i varighet hos scintillationerna, när ett kraftigare bakgrundsljus förekommer jämfört med försök, där strålningskällan är ett svagt Ra C- eller ett poloniumpreparat.

Resultaten från ett lyckat atomsprängningsförsök, varvid i regel endast ett grundämne hinner att undersökas vid ett tillräckligt antal värden på absorptionsglimret i partiklarnas väg (vid varje absorption måste räknas flera gånger av olika räknare för att ett till-

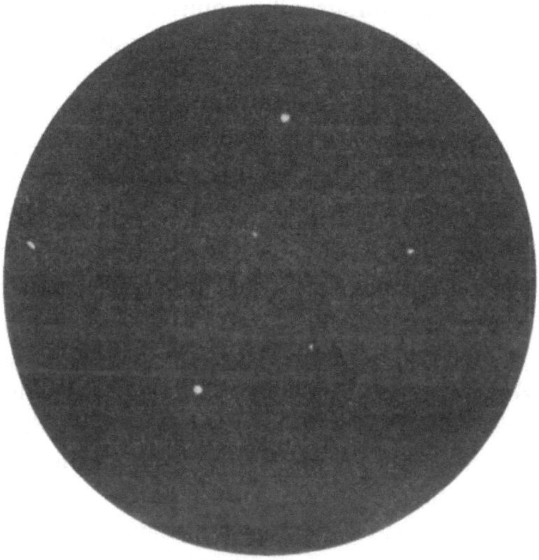

Fig. 40. Samma scintillationer utan bakgrundsljus.

förlitligt medelvärde skall kunna bildas), vilka föreligga i försöksprotokollet, måste underkastas vissa beräkningar. Om den använda strålningskällan varit radium C, så måste först och främst dennas styrka vid tiden för varje särskild observation uträknas ur detta ämnes avklingningshastighet, så att de iakttagna scintillationerna kunna omräknas till ett visst konstant värde på alfabestrålningen. Ur försöksapparatens geometriska förhållanden uträknas så huru stor bråkdel av de från strålningskällan allsidigt utslungade alfapartiklarna, som infallit på substansskivan, det s. k. »primärutbytet», och likaså huru stor bråkdel av de därifrån åt alla håll utträdande atomfragmenten som kan ha nått till den del av zinksulfidskärmen, vilken synes i mikroskopet, »sekundärutbytet». Ur det till konstant aktivitet hos strålningskällan omräknade antalet synbara scintillationer är det sedan lätt att finna, huru många atomfragment, som varje miljon på substansen infallande alfapartiklar utlöser. Med hänsyn till att zinksulfidskärmen icke kan göras sådan, att den reagerar på varje infallande partikel med en scintillation, måste dess s. k. »skärmkoefficient» bestämmas, något som före försöket göres medelst ett svagt alfapreparat om noga känd styrka. Förhållandet mellan det antal scintillationer man därvid iakttager på skärmen och det antal alfapartiklar, som beräknas infalla, angiver skärmkoefficienten. Med detta bråktal måste det ovan beräknade utbytet divideras för att erhålla det högre värde, som skulle vunnits med en idealisk, 100 % zinksulfidskärm.

På grundval av de utbytestal, som på ovanstående sätt funnits gälla vid var och en av de absorptioner, som införts i vägen för H-partiklarna, kan en sådan absorptionskurva uppritas, som visar atomfragmentens fördelning på olika räckvidder, varav några förut återgivits i detta arbete. Därigenom karakteriseras enklast sprängningens förlopp med det slag av alfaprojektiler och den storlek på vinkeln mellan dessas infallsriktning och de observerade atomfragmentens flygriktning, som förekom vid försöket. Vid försök med den här skizzerade apparaten är vinkeln i fråga i regel omkring 150°.

Flera hundratals sådana beskjutningsförsök med alfapartiklar, som här skildrats, ha under våra arbeten vid Radiuminstitutet kommit till utförande. Såsom slutresultat ha över ett dussin grundämnen kunnat konstateras vara med säkerhet sprängbara, varjämte ett ungefär lika stort antal andra grundämnen undersökts med resultat, som, ehuru positiva, icke varit av den avgörande karaktär, att vi ansett oss kunna förklara sprängbarheten säkerställd.

De tekniska hjälpmedlen vid scintillationsräkningarna.

Utom de anordningar som erfordras till framställning och mätning av strålningskällan samt förberedandet av själva försöksapparaturen med tillbehör, spelar förfärdigandet och prövningen av scintillationsskärmarna och av absorptionsglimren, som användas vid försöken, en viktig roll och kräva ingående förarbeten. Den för scintillationsskärmen använda zinksulfiden bör vid bestrålning med såväl alfa- som H-partiklar giva scintillationer av stor och möjligast likformig ljusstyrka. Urvalet av lämplig zinksulfid bland olika fabrikat spelar därför en viktig roll, och omfattande undersökningar ha måst utföras för att studera scintillationernas beroende av materialets kornstorlek, av de exciterande partiklarnas massa och hastighet m. m. Den såsom lämpligast befunna substansen blandad med något alkohol, utbredes med hjälp av en glasstav över en liten glasskiva, tillskuren i en form som passar till försöksapparaten, däri den skall anbringas. Först efter långvarig övning lyckas man så göra skärmar av önskade egenskaper, ej för tjocka men med möjligast sammanhängande skikt av kristallerna, så att ljuset, som genom skärmen skall tränga till mikroskopet, ej på vägen för mycket försvagas. De färdiga skärmarna avsynas noga under mikroskopet, arten av de scintillationer de lämna prövas, och, om dessa äro till-

Fig. 41. Scintillationsskärmarna prövas under mikroskop.

fredsställande, bestämmes skärmkoefficienten på sätt som ovan antytts, varvid värden av omkring 75 % bruka erhållas, d. v. s. av 4 infallande alfapartiklar böra 3 i genomsnitt giva scintillationer. Zinksulfidskärmar gjorda på detta sätt äro ganska ömtåliga för stötar, varvid kristaller lätt bortfalla, och de visa dessutom en tydlig utmattning i sin scintillerande förmåga, om de utsättas för intensiv alfa-, beta- eller gammastrålning under längre tid. De måste därför allt som oftast förnyas, och ett antal goda skärmar med känd koefficient bör ständigt finnas i beredskap.

Även absorptionsglimrens framställning och prövning är ett maktpåliggande arbete, då dessa så att säga utgöra de mätstavar, med vilka atomfragmentens räckvidd bestämmes. Glimmers förmåga att bromsa alfaoch H-partiklar är sådan, att ett glimmerblad om ungefär 0,006 mm:s tjocklek motsvarar ett centimetertjockt luftskikt. Att klyva glimmer av god kvalitet till blad om några centimeters »luftekvivalent» är ganska lätt, medan däremot framställningen av glimmerabsorptioner motsvarande några millimeter luft fordrar avsevärd övning. Genom vägning på en känslig våg kan luftekvivalenten endast tillnärmelsevis bestämmas. För att få veta den exakt måste en direkt bestämning göras, varvid glimret införes framför en scintillationsskärm, under det ett på dess andra sida anbragt poloniumpreparat förskjutes till ett sådant avstånd från skärmen, att scintillationerna från dess alfapartiklar nätt och jämnt försvinna. Genom att från poloniumpartiklarnas räckvidd i luft, 3,9 cm, draga det sålunda uppmätta avståndet, erhåller man direkt glimmerbladets luftekvivalent.[1] Vid vissa tillfällen användas tunna metallfolier i stället för glimmer för att bromsa alfa- eller H-partiklar. Dessa måste i så fall prövas på frihet från genomgående hål eller porer, vilket sker under mikroskop, dels i starkt överljus, dels i fullkomligt mörker med ljuset från en stark lampa fokuserat underifrån på metallfoliet genom mikroskopets kondensor. Bestämningen av absorptionsförmågan sker som för glimmerbladen medelst ett polonium- eller Ra C-preparat och en scintillationsskärm på variabelt avstånd från strålningskällan.

Det torde framgå av det här sagda, att de preparativa förarbetena för atomsprängningsförsök enligt scintillationsmetoden äro både tidsödande och kräva en hög grad av omsorg, så att två eller tre av medarbetar-

[1] För att mäta tjockare glimmerblads absorptionsförmåga måste de snabbare alfapartiklarna från Ra C eller Th C användas.

na ha full sysselsättning, när försöksserierna fortsättas under längre tid. Dessutom innebär själva räknandet av de ljussvaga scintillationerna en stark påfrestning för vederbörande observatörers ögon. Lägges därtill, att denna metod genom sitt starkt subjektiva inslag lätt ger motstridiga resultat, så är det begripligt, att våra bemödanden i Wien under de senaste åren inriktats på att utveckla andra, oavhängiga undersökningsmetoder, varmed scintillationsmetodens resultat kunna prövas och arbetsuppgifter, oåtkomliga medelst denna metod, upptagas till behandling utan allt för mycket förarbeten.

Dessa bemödanden ha krönts av framgång, i det man numera på tre andra vägar kan angripa de problem, som atomsprängningen erbjuder, genom att dels studera de spår atomfragmenten lämna i en fotografisk plåt eller film, dels enligt en modifikation av den tidigare nämnda, av C. T. R. Wilson angivna »dimstrålemetoden» synliggöra H-partiklarnas banor i större antal, dels medelst en förstärkareanordning av en typ snarlik den, som användes i radiotekniken, omsätta H-partiklarnas jonisation i ljudfenomen, hörbara såsom knallar i en högtalare. En kort redogörelse för dessa tre metoder, vilka erbjuda möjligheter för ett fortsatt inträngande i atomsprängningens och den därmed sammanhängande elementförvandlingens mysterier, lämnas i det följande.

Atomfragmentens spår i fotografiplåten.

Redan i första avdelningen av detta arbete ha alfapartiklarnas fotografiska verkningar omnämnts. Infalla de i större antal på en känslig plåt, så synes vid dess framkallning en tydlig svärtning, där den träffats av alfastrålningen. Man lagar så, att ett glest knippe alfastrålar får i mycket sned riktning infalla mot plåtens yta. Sedan denna framkallats och fixerats finner man, när stället för bestrålningen granskas under ett mikroskop med måttlig förstoring, enstaka rader av svarta punkter. Varje sådan punktrad markerar banan för en enda alfapartikel och består av bromsilverkorn, vilka partikeln på sin väg genomflugit och därvid angripit, så att de sedan i framkallningsbadet blivit reducerade till silver, d. v. s. svärtade. Dylika spår kunna innehålla ända till femton punkter eller ännu flera, ifall de förorsakats av alfapartiklar från Ra C, och deras längd, 0,04 till 0,05 mm i gelatinskiktet motsvarar partiklarnas räckvidd i luft, 7 cm.

Det syntes vara av stort intresse undersöka, om även naturliga H-partiklar angripa fotografiplåten på samma vis. Med H-partiklar utslagna ur paraffin medelst alfastrålar lyckades det för Dr Marietta Blau vid Radiuminstitutet att erhålla negativ, vilka, allt efter sättet för bestrålningen, visade antingen en allmän svärtning eller ock punktrader alldeles lika dem med alfapartiklar erhållna, men med en större längd, motsvarande H-partiklarnas större räckvidd. Härvid kunde Ra C ej begagnas som källa för alfapartiklarna, varmed paraffinet besköts, då dess genomträngande gammastrålning också inverkar på plåten, vilket förorsakar en mängd svarta punkter. Försöken lyckades först, sedan en ren H-strålning åstadkommits genom att ersätta Ra C med det enbart alfastrålande polonium, bombarderande ett tunt paraffinskikt.

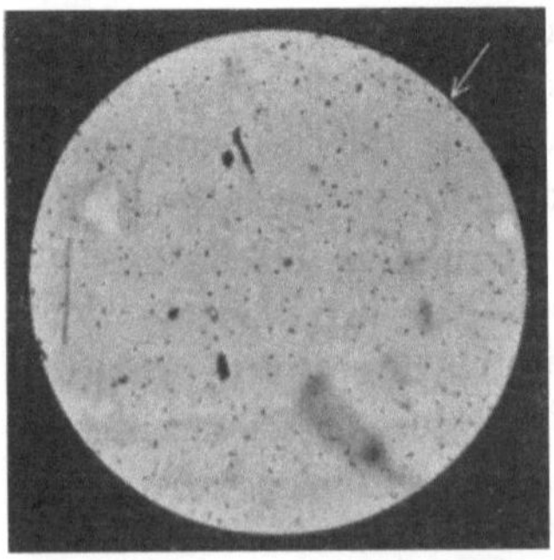

Fig. 42. En naturlig H-partikels spår i fotografiplåten.

Figur 42 är en mikrofotografi, tagen av en detalj från en på detta sätt med H-partiklar bombarderad fotografiplåt, varå synes en synnerligen vacker punktserie om icke mindre än 15 reducerade, d. v. s. genomskjutna bromsilverkorn. Den totala längden på denna skottbana uppmättes under mikroskop till 0,086 mm, vilket, med insättande av det fotografiska gelatinskikttets luftekvivalent, motsvarar en skottvidd i luft om över 11 cm. Den största räckvidd som en vätekärna, satt i rörelse rakt framåt genom stöt från en av poloniums alfapartiklar, kan få, är 16 cm, men därav går första delen förlorad i såväl paraffinskiktet som det däröver lagda täckglimret. Den omständighet, att de utreducerade kornen ligga påtagligt glesare längs skottbanan för en H- än för en alfapartikel, såsom Dr Blau funnit vara fallet, står i överensstämmelse med det förra partikelslagets svagare joniseringsförmåga. Det är nämligen med all säkerhet joniseringen i bromsilverkornen, som förorsakar partikelstrålningens fotografiska verkningar.

Det föreföll naturligtvis synnerligen lockande att söka på liknande sätt fotografiskt fixera spåren för vätepartiklarna från sprängda grundämnen. Svårigheterna ökas emellertid i detta fall väsentligt. Då det är nödvändigt utesluta varje möjlighet för naturliga H-partiklar, är man nödsakad arbeta antingen efter den rätvinkliga eller efter den retrograda metoden. I båda fallen tvingas man till en anordning av alfastrålningskällan, det därmed bombarderade grundämnet och den fotografiska plattan, som gör utbytet av atomfragment nästan hopplöst litet. Den anordning som slutligen förde till målet, och som är en tillämpning av en princip tidigare använd för att undersöka, om mera än en H-partikel kommer från samma sprängda aluminiumatom (jfr pag. 101), återgives schematiskt i figur 43. *P* är ett högkoncentrerat poloniumpreparat, framställt genom att i vätgasström destillera polonium till ändytan av en knappt millimetertjock tråd av den sällsynta metallen palladium, till vilken polonium synes ha en utpräglad affinitet. Denna nästan punktformiga strålningskälla, från vilken i varje sekund bortåt 20 000 000 alfapartiklar utslungas, är anbragt tätt utanför ett fint hål, borrat genom botten i en liten ask av mässing. Över hålet är klistrat ett tunt glimmerblad, i absorptionsförmåga för alfastrålning likvärdigt med ungefär 5 mm luft, så att ingen radioaktiv smitta från poloniumtråden skall kunna komma ige-

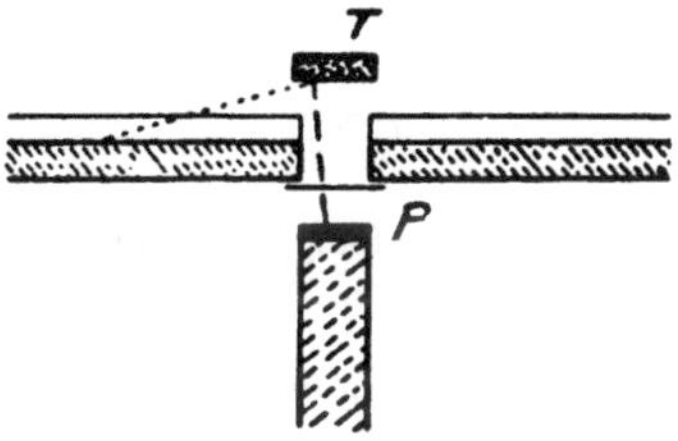

Fig. 43. Hur bakåtriktade atomfragment uppfångas å en fotografisk film.

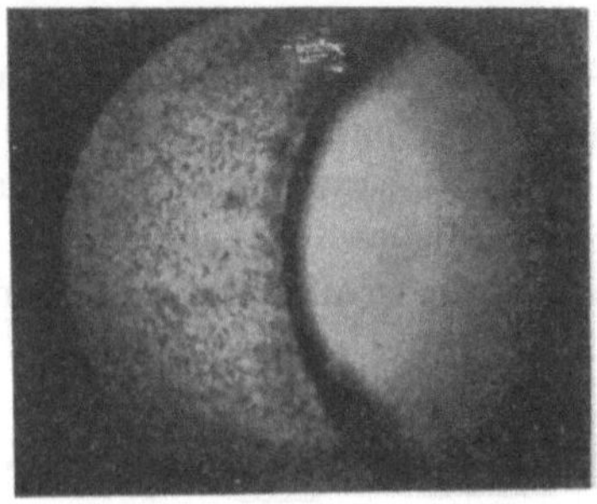

Fig. 44. Mikrofotografi av film från försök med grafit. Förstoring 45 ggr.

nom hålet. På botten av asken finnes utspänd en fotografisk film av den sort tandläkare bruka för röntgenfotografering. I filmen, som ligger med sin känsliga yta uppåt, vänd från poloniumpreparatet, är borrat ett hål något vidare än det i mässingplattan, varöver det omsorgsfullt centrerats, så att ett knippe alfastrålar kan passera utan att snudda vid filmhålets kanter. I vägen för alfaknippet finnes en millimeterstor grafitskiva *T* anbragt omedelbart ovanför hålet på några tiondels millimeters avstånd från filmens yta. Av de från sprängda atomer i grafiten utslungade fragmenten falla en del snett nedåt mot filmens yta och slå in i dess känsliga skikt på alla sidor runt hålet. Ett lufttätt slutande lock över det hela möjliggör att hålla lågt lufttryck inuti asken eller ock att fylla den med helium, som bildar en inaktiv atmosfär mellan grafit och film under de 2 till 8 dygn, som exponeringen varar. Sedan denna avbrutits och filmen uttagits och framkallats, synas den under mikroskop och vissa delar av densamma mikrofotograferas.

Figur 44 visar en detalj av hålet i filmen, med dess närmaste omgivning, tagen under 45 gångers förstoring. Närmast intill hålet finnes ett allt för starkt virrvarr av punkter, för att några banor skulle kunna urskiljas. Längre bort, där punkterna ligga glesare, synas enstaka punktrader förlöpande radiellt utåt, visan-

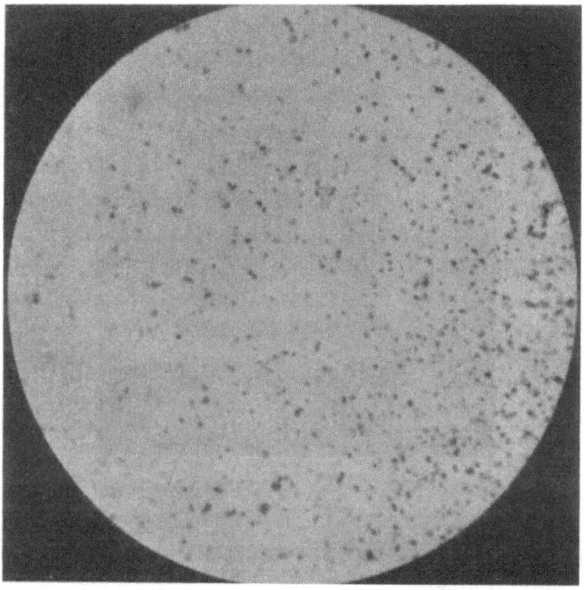

Fig. 45. Mikrofotografi av film visande spår från H-partiklar ur grafit. Förstoring 180 ggr.

de att de kommit från centrum av filmen, d. v. s. från grafitskivan. Tages denna bort och exponeras lika länge utan måltavla, så fås långt färre punkter och inga punktrader. Punktraderna från grafit måste därför förorsakas av partiklar från detta ämne, och, då mot kolatomer reflekterade alfapartiklar enligt stötlagarna icke ha tillräcklig räckvidd för att giva upphov till punktrader, måste dessa vara verkan av H-partiklar från sprängda kolatomer. Många skäl tala dessutom för att största delen av de talrika punkter, som förefinnas närmast hålet, förorsakas av atomfragment

Fig. 46. Atomfragmentens fotografiska spår sökas med mikroskop.

om för kort räckvidd för att giva upphov till tydliga punktrader.

I figur 45 synes i 180 gångers förstoring en detalj från en dylik film, visande några punktrader. Dessas ursprung från grafitskivan framgår långt tydligare vid mikroskoperingen än av fotografien, då denna icke framhäver punktradens snett nedåtgående riktning i filmen, vilken bevisar dess ursprung från den snett ovanför befintliga grafitskivan.

Även med aluminium som bestrålad substans ha liknande punktrader, längre och flera till antalet, motsvarande detta ämnes större utbyte av långtgående fragment, erhållits.

Den fotografiska metoden har, såsom redan nämnts, krävt övervinnandet av stora tekniska svårigheter, icke minst det absoluta undvikandet av radioaktiv smitta, som den långvariga exponeringstiden erfordrar. Dess omgestaltning till en för kvantitativa mätningar användbar metod torde stöta på ännu större svårigheter. Såsom ett kvalitativt bevis för vissa elements sprängbarhet ha dess resultat dock redan varit av betydelse.

Synbara atomfragment.

C. T. R. Wilsons geniala metod för att göra alfapartiklarnas banor synliga har i det föregående blivit omnämnd. Då den emellertid funnit användning för att även göra atomfragmentens banor synliga, torde en något mera ingående beskrivning därav här vara påkallad.

Halten av vattenånga i luft eller andra gaser kan normalt icke överskrida ett visst mättningsvärde, som endast beror av temperaturen. Överskrides mättningen genom att luften avkyles, så måste den överflödiga vattenångan avskiljas i flytande form, kondensation till fina droppar inträder, i atmosfären bildning av dimma eller moln. Åstadkommes en snabb avkylning av fuktig luft, vilket enklast sker genom att den får hastigt utvidga sig, så bildas genast dimma, varvid de små vattendropparna avsätta sig runt dammkorn och stoftpartiklar i luften. Är luften alldeles dammfri försvåras dimbildningen, men finnas i stället elektriskt laddade partiklar, »joner», närvarande, så bli dessa begagnade som kondensationscentra, de bilda kärnor för var sin lilla dimdroppe och kunna på så sätt bli synliggjorda.

En s. k. Wilsonkammare består av en flat cylindrisk dosa med glaslock och en rörlig botten, som kan hastigt ryckas nedåt, åstadkommande en snabb avkylning av luften i kammaren. Eftersom denna är mättad med vattenånga, så förefinnes omedelbart efter expansionen betingelserna för dimbildning. Är luften fri från damm, och får ett antal alfapartiklar intränga i kammaren, så begagnas de längs dessas banor massvis alstrade jonerna till kondensationskärnor. Banan blir därvid markerad som en fin dimstråle. Med tillräckligt intensiv belysning från sidan bli dessa dimstrålar tydligt synbara och kunna fotograferas. Redan på några av de tidigaste Wilsonfotografierna förekommo bland de i allmänhet fullkomligt raka alfa-banorna några med tydliga knickar framkallade av alfapartikelns avböjning vid en atompassage. Dessa brutna alfabanor ansågos med rätta såsom de mest slående bevisen för riktigheten av Rutherfords kort förut framställda kärnteori. Jfr sidan 55, figur 15!

Även naturliga H-strålar från med alfapartiklar bombarderat väte eller paraffin låta sig synliggöras enligt Wilsonmetoden. H-strålarnas stora sällsynthet i förhållande till de alfapartiklar, som erfordras för att utlösa dem, gör iakttagelsen enligt den vanliga Wilsonmetoden mycket tidsödande. Samma svårighet i ännu högre grad erbjuder synliggörandet av atomfragmenten. Denna lyckades också för första gången för en av Rutherfords medarbetare Blackett tack vare ett verkligt jättearbete. Han lät ett glest knippe snabba alfastrålar om hög räckvidd (från torium C) infalla i en Wilsonkammare av särskild konstruktion, i vilken fuktig kvävgas fick hastigt utvidga sig. Banorna fotograferades samtidigt med två kameror ställda i rät vinkel mot varandra, så att samma banor syntes från två olika håll på varje par fotografier. Tack vare denna anord-

Fig. 47. Dubbelfotografi av Wilsonbanor vid en kväveatoms sprängning enligt Blackett.

ning blevo knickar och andra oregelbundenheter i banorna, som kunde ha undgått en enda kamera, alltid synliga, och dessutom kunde den vinkel, som en avböjd partikels bana visar vid knickpunkten, noga uppmätas.

Genom att upprepa denna procedur *ett tjugutusental gånger* erhöll Blackett fotografier av över 400 000 alfabanor och kunde bland dessa urskilja 8 stycken, där en påtagligt smalare dimstråle utgick från knicken i en alfabana. Dessa svaga dimstrålar markera vägen för en vätekärna, utsprängd ur en kväveatoms kärna. Vad som frapperade var, att utom denna H-strålebana, igenkännbar såväl på sin fina struktur som på sin stora längd, över 19 cm, endast *en* mycket kort banstump syntes från kollisionspunkten, figur 47. Detta måste innebära, att de båda återstående, i kärnkollisionen deltagande partiklarna, kvävekärnans rest och den sprängande alfapartikeln, förbli sammanhängande och följas åt längs en gemensam bana, i stället för att elastiskt studsa isär, som man annars hade kunnat vänta. Såsom redan i det föregående framhållits, utgjorde detta viktiga resultat från Blacketts undersökningar ett direkt bevis för den tidigare från Wien uttalade slutsatsen, att alfapartikeln, som spränger ett lätt grundämnes kärna, fastnar i densamma.

Tack vare den bild från två sidor, som dubbelfotograferingen av banorna ger, varur vinkeln mellan banelementen från en kärnträff kunna bestämmas, är man i stånd att beräkna massförhållandet mellan de sammanstötande partiklarna och sålunda få en bild av kärnträffens och sprängningens dynamik. En nackdel hos metoden är emellertid det stora antal fotografier, som måste tagas för att få ett ringa antal banor från atomfragment synliggjorda, något som gör arbetet därmed både tidsödande och dyrbart.

I Radiuminstitutet ha försöken att omgestalta Wilsonmetoden för iakttagelsen och räkningen av atomfragment i större antal först efter tvååriga arbeten krönts med framgång. Uppgiften var icke att åstadkomma särskilt skarpa fotografier av atomfragmentens banor ända från kollisionspunkten, möjliggörande studier av förloppets dynamik, utan rätt och slätt att ersätta scintillationsskärmen med en Wilsonkammare, för att sålunda kunna fastställa atomfragmentens antal och ungefärliga räckvidd med större säkerhet, än vad räknandet av deras ljussvaga scintillationer medgiver.

Principen för den anordning, som slutligen befanns användbar, återgives i höjdgenomskärning av figur 48. Wilsonkammaren är av den automatiskt repeterande typ, som angivits av japanen Shimizu. Dess botten utgöres av övre ytan av en kolv, inslipad i en mässingcylinder och rörlig upp och ned medelst en elektromotor, så att varje slag framkallar först en expansion av luften ovanför kolven, vid vilken avkylningen äger rum och dimma alstras, sedan en kom-

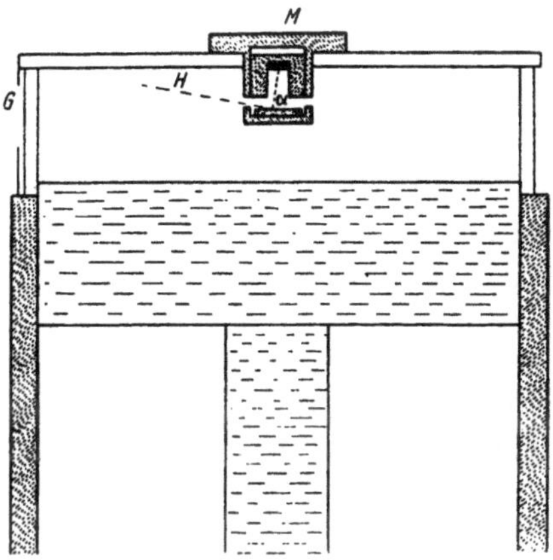

Fig. 48. Höjdsnitt genom apparat för atomfragmentens synliggörande.

pression med åtföljande uppvärmning av luften, varvid dimman försvinner. Kammarens översta del består av en glasring, *G*, täckt av ett lock av tjockt spegelglas. Genom ringen insläppes från sidan ljuset från en mycket kraftig båglampa, under det iakttagaren blickar rakt uppifrån och genom glaslocket räknar de bildade dimstrålarna.

Svårigheten att ernå ett tillräckligt utbyte av atomfragment, vilken ökades av kammarens små dimensioner i den använda Shimizuapparaten, diameter 55 millimeter, under det vanliga Wilsonkammare i regel äro flera gånger större, övervanns på följande sätt.

I stället för att på vanligt sätt insläppa strålningen från kammarens sida, borrades ett hål i glaslockets centrum. I detta hål inpassades lufttätt en mässinghållare av den typ, som visas i figur 48 *M*. I dennas övre del är ett starkt poloniumpreparat (svärtat i fig.) anbragt, varifrån alfastrålningen endast genom ett slags gevärspipa, ett kort rör om 4 mm kaliber, får falla rakt nedåt mot skottavlan. Denna utgöres av en liten skiva av den substans, som skall undersökas, 8 mm i diameter och någon millimeter tjock, vilken ligger på botten av en grund mässingkorg, som hänger ned till ungefär halva höjden av kammaren inuti denna. Dimensionerna äro så avpassade, att inga alfaprojektiler från preparatet kunna falla utanför skottavlan. Å andra sidan kunna inga H-partiklar från denna komma ut i kammaren, vilka göra en vinkel mindre än cirka 90° med den infallande alfastrålningen. Däremot kunna H-partiklar som göra en vinkel över 90° utträda åt alla håll, och deras banor bli vid expansionen synliga såsom radiella strimmor löpande ut från kammarens mitt mot dess kanter, när man ovanifrån betraktar anordningen.

Då Shimizuapparaten arbetar bäst med ungefär 100 expansioner i minuten, erbjudes nära två gånger i sekunden möjlighet för de utträdande H-partiklarnas banor att synliggöras. Då alfapartiklarnas banor själva icke bli synbara, behöver deras antal icke begränsas till ett fåtal såsom vid Blacketts försök. Det använda poloniumpreparatet, en gåva av Madame Curie, i vars institut framställningen av koncentrerade poloniumpreparat drivits till en hög fullkomning, hade sådan styrka, att antalet alfaprojektiler, som inföllo mot skotttavlan under den bråkdel av en expansionsperiod, varunder banorna synliggöras, uppgick till flera hundratusen, alltså tiotusentals gånger mer än vid Blacketts försök. Tack vare detta kunde under en bråkdel av en minut lika många atomfragment synliggöras, som i hans fall erhållits under ett helt års arbeten.

I den här skildrade formen led försöksanordningen

av en olägenhet, som kunde giva anledning till tvivel, om alla de iakttagna partiklarna verkligen kommo ur sprängda atomer i skottavlan eller ej. Såsom redan nämnts var det sörjt för att inga H-partiklar ur denna kunde uttränga i kammaren och synliggöras, med mindre deras flygriktning gjorde en vinkel av cirka 90° eller mera mot den infallande alfastrålningens. Naturliga H-partiklar från möjligen förekommande väteföroreningar i substansen vore därigenom uteslutna. Däremot förlöpte alfaprojektilernas banor, sedan de lämnat mynningen av den ovan nämnda gevärspipan, men ännu icke råkat skottavlans yta, genom ett några mm tjockt lager av luft mättat med fuktighet. Från denna genomskjutna luftsträcka kunde enstaka fragment av eventuellt sprängda kväve- eller syreatomer uttränga i kammaren och synliggöras. Likaså kunde ett fåtal naturliga H-partiklar från luftens fuktighet genom stötverkan av alfapartiklar utslungas i kammaren, då vinkeln inom luftskiktet åtskilligt understeg 90°. Visserligen visade såväl beräkningar som kontrollförsök, att denna »lufteffekt» endast kunde vara ansvarig för en bråkdel av det iakttagna antalet banor, och att dessa till övervägande delen måste komma från sprängda atomer i skottavlan. Icke dess mindre ansågs det nödvändigt att omändra försöksanordningen, så att lufteffekten uteslöts. Detta lyckades också därigenom, att hela den i Shimizukammaren nedhängande delen av mässinghållaren avspärrades hermetiskt från den omgivande kammaren och genom särskilda tilledningsrör fylldes med ren heliumgas. Den korta del av alfapartiklarnas bana omedelbart framför skottavlan, som förut legat i fuktig luft förlöpte nu i torr helium, varur varken atomfragment eller naturliga H-partiklar kunde tänkas komma.

H-partiklarna från substansen, som alltså vid denna anordning obetingat måste komma ur sprängda atomer i densamma, fingo utträda genom smala fönster av mycket tunna glimmerblad, vilka voro anbragta runt kanten på den flata korg vari skottavlan låg. Glimmerbladens tjocklek var vald så, att enligt stötlagarna inga mot atomkärnor i skottavlan möjligtvis avböjda alfapartiklar kunde komma ut i kammaren. Varje förväxling mellan atomfragment och reflekterade alfapartiklar var därmed utesluten.

De med denna förbättrade anordning utförda räkningarna stämde väl överens med de förut erhållna och bekräftade inom gränserna för försöksfelen de tal, som tidigare funnits för samma grundämnen enligt scintillationsmetoden. H-partiklar från sprängda atomer av beryllium, kol, syre, aluminium och järn blevo på detta sätt iakttagna och kunde även fotograferas. För detta ändamål var ovanför apparaten en kinokamera placerad, vilkens slutaremekanism kunde kopplas till den motor, som drev expansionskammarens kolv, så att för var 3:dje till var 6:te expansion ett fotografi av de bildade dimstrålarna automatiskt togs. Det härför använda objektivet var ett synnerligen ljusstarkt kino-objektiv, som av firman Zeiss välvilligt ställdes till förfogande för dessa försök. Figur 49 visar några på detta sätt tagna fotografier av atomfragment från aluminium. Å den högra bilden synes utom en svag H-stråle (nedåt) även en alfastråle (åt höger), från en tillfällig radioaktiv förorening, såsom i ett fåtal fall förekom vid dessa försök. Skillnaden i tjocklek mellan den dimstråle, som markerar alfapartikelns bana och den som H-partikeln alstrat, är tydlig och motsvarar skillnaden i joniserande förmåga för de båda partikelslagen, för

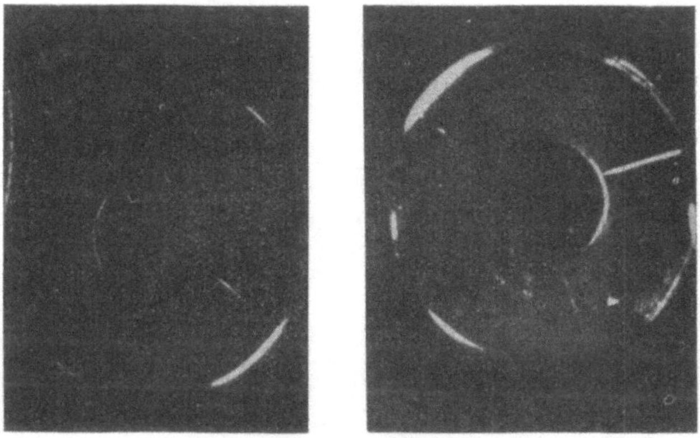

Fig. 49. Wilsonbanor för två atomfragment från aluminium jämte en alfabana.

alfapartikeln ungefär fyra gånger starkare än för H-partikeln.

En räkning av atomfragmenten enligt denna metod är ytterst enkel att utföra. Man behöver endast starta apparaten och med ett stoppur iakttaga huru många dimstrålar, som synas under loppet av en eller flera minuter. Då ansträngningen för ögonen är obetydlig, kan en och samma observatör utan svårighet räkna fem minuter eller mera i sträck och upprepa detta snart sagt hur ofta som helst. Klart är att, bortsett från den ojämförligt mycket bättre synbarheten av dimstrålarna än av de svaga scintillationerna, denna möjlighet till långvariga räkningar giver långt tillförlitligare medelvärden än den till tiden nödvändigtvis starkt begränsade försöksserien framför scintillationsmikroskopet. Även för erhållandet av absorptionskurvor lämpar sig denna iakttagelsemetod. Man behöver endast övertäcka de glimmerfönster, varigenom atomfragmenten ut-

Fig. 50. Räkning av de synliggjorda banorna för atomfragmenten.

tränga i kammaren, med blad av tunna metallfolier om känd absorptionsförmåga, och upprepa räknandet med detta större hinder i partiklarnas väg, för att ett värde på deras räckvidd skall kunna erhållas.

En ungefärlig beräkning av utbytet stöter ej heller på större svårigheter. Den del av en expansionscykel, varunder dimstrålarna synliggöras, är icke känd, men den låter sig bestämmas genom att borttaga strålningskällan och i stället för skottavlan införa ett svagt alfastrålande preparat om noga känd styrka. De antal alfabanor, som då synas i kammaren per tidsenhet jämfört med det antal, som preparatet efter sin styrka att döma bör utsända på samma tid, ger anordningens effektivitet, en koefficient som växlar mellan 1/15 och 1/25.

Över huvud taget synes den här skildrade metoden

öppna möjligheter till en extensiv undersökning av atomsprängningens utbyte och av H-partiklarnas räckvidd från olika grundämnen, utan det synnerligen tidsödande och ansträngande arbete, som skulle erfordras enligt scintillationsmetoden. Till demonstrering av atomfragmenten i samband med offentliga föreläsningar har metoden redan i flera fall kunnat användas.

Hörbara atomfragment.

Den starka jonisation som H-partiklarna liksom alfapartiklarna frambringa längs sin bana har, såsom tidigare nämnts, givit upphov till elektriska mätmetoder. Det finnes emellertid en möjlighet att förstärka denna jonisation, så att en tydlig strömstöt märkbar i form av utslag hos en känslig elektrometer eller t. o. m. som en hörbar knäpp i en telefon, blir resultatet av en individuell alfapartikels inträde i en s. k. elektrisk räknekammare. Denna apparat, som första gången användes av Rutherfords medarbetare Geiger och som sedan kommit att spela en viktig roll för räkning av partiklar och röntgenimpulser, återgivas i figur 51. En metallspets, en synål eller en grammofonnål, är inpassad i en propp av ett isolerande ämne och omgives av en liten cylindrisk metallkammare. Ett litet hål i kammarens botten framför spetsen ger inträde åt alfapartiklarna, som skola räknas. Om nu spetsen hålles laddad till en hög elektrisk spänning av 2 000 volt eller mera, så komma de joner av båda förtecknen, som partikeln alstrar längs sin bana, att sättas i rörelse av den elektriska kraften, det ena slaget till spetsen, det andra till kammarens vägg, varifrån den elektriska strömstöten över mätinstrumentet eller en telefon avledes till jorden. Tack vare det starka elektriska fältet få jonerna under sin väg en så hög fart, att de jonisera neutrala luftmolekyler med vilka de stöta samman. De primärt bildade jonernas antal blir genom dylik »stötjonisation» tusenfaldigat, så att en fullt märkbar elektrisk ström går över från spets till kammarvägg, vilken emellertid lika

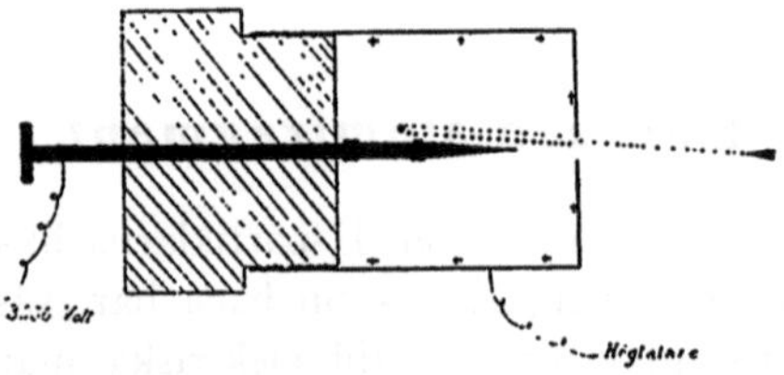

Fig. 51. Geigers elektriska räknekammare i längdsnitt.

snabbt upphör, tills nästa alfapartikels inträde utlöser en ny stötjonisation. Man kan på detta sätt med rätt enkla hjälpmedel räkna alfapartiklar med örats hjälp såsom tydliga knäppar i en telefon.

Anordningen lider emellertid av en väsentlig svaghet; stötjonisationen är en effekt, som uppträder huru än jonerna alstras, och en hörbar strömstöt går därför genom kammaren, vare sig en alfa-, en H- eller en betapartikel inträngt i densamma. Ja t. o. m. en röntgenstråle eller en ljusstråle kan åstadkomma en effekt, som icke märkbart skiljer sig från en alfapartikels. Då nu just vid försök med atomsprängning det är svårt att undgå andra slag av strålning, särskilt ifall Ra C eller Th C användas som källa för alfapartiklar, så är det ofta svårt att säga, om det som iakttages är atomfragment eller något annat.

Ett sätt att avhjälpa denna olägenhet är att undvika

Fig. 52. Atomernas explosioner avlyssnas.

stötjonisation genom att använda sig av lägre elektrisk spänning, än denna erfordrar och att på annat sätt förstärka den svaga strömstöt, som motsvarar de av partikeln direkt alstrade primärjonerna, till märkbar intensitet. Detta har först utförts av Greinacher, som begagnade några av de från radiotekniken välkända förstärkarerören och lyckades utan stötjonisation få verkan av individuella alfapartiklar hörbar såsom knäppar i en telefon eller högtalare. Att iakttaga H-partiklarna på detta sätt lyckades till en början ej för honom. Detta problem löstes först av två wienare, Ortner och Stetter, vilka med begagnande av särskilt konstruerade s. k. lågfrekvensförstärkare, fingo såväl alfapartiklar som ock naturliga H-partiklar från paraffin, infallande i en räknekammare av speciell typ, att giva upphov

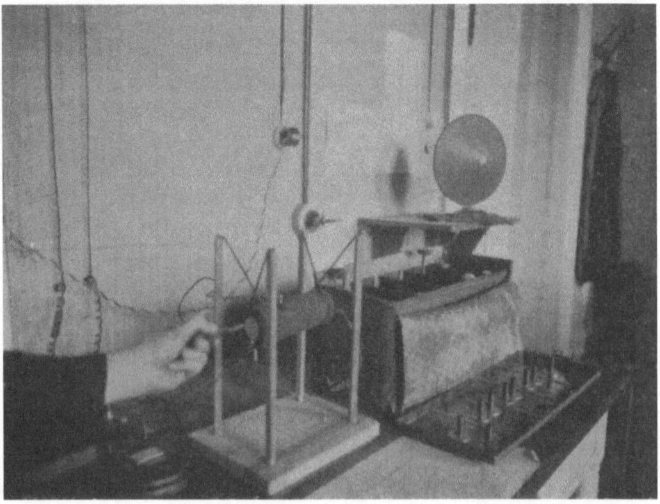

Fig. 53. Alfastrålningen från ett Ra C preparat, som närmas intill räknekammaren, höres som gevärseld..

till distinkta knallar. Då förstärkning av strömmen (till ungefär en miljard gånger den strömstöt alfapartikeln själv giver) på detta sätt kan göras med bibehållande av proportionaliteten mellan de inträngande partiklarnas primärjonisation, så komma de av alfapartiklar utlösta knallarna att ha betydligt större ljudstyrka än H-partiklarnas. Tack vare detta kan man med högtalare demonstrera båda slagen av partiklar såsom tydligt olika ljud. Av samma anledning blir den långt svagare jonisation som betastrålar eller röntgenstrålar åstadkomma visserligen förstärkt, men icke så att de enstaka partiklarna eller impulserna höras. Detta kan enkelt demonstreras genom att till räknekammarens mynning närma ett Ra C preparat, vars alfapartiklar höras som distinkta knallar.

ökat till ett maskingevärs knatter, när preparatet föres allt närmare kammarens mynning, så att allt flera partiklar råka intränga däri. Samtidigt höres betastrålningen från preparatet endast som ett svagt surr, vilket icke stör iakttagelsen av alfapartiklarna.

Den nya iakttagelsemetoden har redan tillämpats på atomfragment, vilka också kunnat göras hörbara. Den synes giva goda löften om att vid sidan av Wilsonmetoden kunna bli en bekväm och säker arbetsmetod på detta område.

Vid en serie radioföredrag över atomsprängning, som hölls i Wien förliden vår av Dr. Kirsch, förekom en demonstration av såväl alfa- som H-partiklar på denna elektriskt-akustiska väg, varvid alltså knallarna från kreverande atomer läto höra sig över hela staden Wien med omnejd burna på radions etervågor, första gången som mikrokosmos fått tala till en större publik.

Hur atomfragmenten vägas i flykten.

Såsom redan framhållits i det föregående, utgör identifieringen av atomfragmenten (H-partiklar) medelst ljusstyrkan av de scintillationer de framkalla, eller medelst arten av de dimstrålar de giva i Wilsonkammaren, eller medelst ljudstyrkan av de knallar de alstra i högtalaren vid den elektrisk-akustiska metoden, icke något absolut tillförlitligt förfarande. Bortsett från störningar förorsakade av genomträngande gamma- eller betastrålning, utgör faran för en förväxling mellan en alfa- och en H-partikel, när den förra närmar sig slutet av sin bana, en källa till fel. Man gör därför klokast i att, såvitt möjligt, ordna försöken så, att båda slagen av partiklar icke samtidigt komma till iakttagelse.

För identifieringen av atomfragment, liksom av korpuskulärstrålning över huvud, finnes endast en fullt tillförlitlig metod, nämligen att bestämma partiklarnas massa, eller snarare förhållandet mellan deras elektriska laddning, e, och deras massa, m, koefficienten e/m, som den kallas på fackspråket. Detta sker genom att bestämma partiklarnas riktningsförändring, (avböjning), när de utsättas för magnetiska och elektriska krafter. Partikelns elektriska laddning bestämmer styrkan av den avböjande kraft, som ett magnetfält eller ett elektriskt kraftfält, vilket partikeln genomflyger, utövar på densamma. Partikelns tröga massa, som vill bibehålla en oförändrad flygriktning, motsätter sig avböjningen. Denna blir därför direkt proportionell mot e och omvänt proportionell mot m, så att e/m kan bestämmas ur avböjningens uppmätta storlek. Emellertid spelar även hastigheten v hos partikeln in, i det partikelns »styvhet», d. v. s. obenägenheten att lyda de avböjande krafterna, växer med hastigheten. Då nu hastigheten spelar in i olika grad vid elektrisk och vid magnetisk avböjning, (den förra är omvänt proportionell mot v^2, den senare endast mot v), så kan genom elektrisk och magnetisk avböjning, mätt för samma partikelslag, såväl dess hastighet som dess e/m bestämmas.

En utomordentligt elegant metod att göra detta har utvecklats av den redan omnämnde Cambridgefysikern Aston. Han låter ett smalt knippe av positivt laddade partiklar från ett urladdningsrör, erhållet medelst en fin spalt, först passera genom ett elektriskt fält, åstadkommande en avböjning åt ena hållet, och omedelbart därefter genom ett magnetiskt fält, så orienterat, att avböjningen äger rum åt rakt motsatt håll. Genom ett lämpligt val av proportionen mellan de avböjande elektriska och magnetiska krafterna uppnår Aston, att partiklar med olika hastigheter men med samma *e/m* bli sammanböjda till en och samma bild av spalten. Man erhåller sålunda med en strålning sammansatt av flera olika partikelslag en rad spaltbilder, vilkas nettoavböjning, skillnaden mellan den elektriska och den motsatt riktade magnetiska avböjningen, tilltager proportionellt mot värdet på *e/m*.

Denna metod har Aston använt till storslagna mätningar av *e/m* för joner tillhörande olika grundämnen. Då laddningen *e*, uttryckt i vätejonens laddning såsom enhet, alltid har heltalsvärden, i regel begränsade till 1, 2 eller 3, så kan ur avböjningens värden i det masspektrum olika atomslag giva, dessas massa enkelt bestämmas. Metoden utgör så att säga en slags *vägning av atomerna i flykten*. På detta sätt har Aston kunnat visa, att ett stort antal grundämnen icke bestå av ett enda atomslag, utan av två eller flera »isotoper», vilkas atomvikter kunna skilja sig med en eller flera enheter.[1] Astons metod är ingalunda någon atomsprängning, såsom den ibland felaktigt benämnes. Ingen förändring av atomernas egenskaper äger rum därvid, endast en sållning av redan förefintliga, till massan olika, men på kemisk väg icke åtskiljbara atomslag från varandra.

Det var från början klart att utvecklingen av en metod liknande Astons, men tillämplig på atomfragment, vore i högsta grad önskvärd. Endast på detta sätt kunde man ernå full visshet om atomfragmentens identitet med H-partiklar. Å andra sidan voro svårigheterna påtagliga. De partiklar, som analyseras i Astons masspektrograf, alstras i ett urladdningsrör, och deras an-

[1] Jfr sid. 29 och sid. 44.

tal kan uppdrivas snart sagt hur långt man behagar. Atomfragmenten åter äro ytterligt sällsynta och kräva ett bombardemang med tiotusentals gånger talrikare alfapartiklar för att alstras. Av praktiska skäl kan intensiteten hos detta alfabombardemang icke drivas över vissa gränser. Därtill äga atomfragmenten en hastighet, som med några tiotal till ett hundratal gånger överträffar hastigheten hos de atomjoner, som mass-spektrografen analyserar. Den däremot svarande långt högre »styvheten» hos atomfragmenten gör, att de avböjande elektriska och magnetiska krafterna måste hållas ojämförligt mycket starkare, än vid Astons apparat.

Under det med denna elektriska fält om något tusental volt per cm ge en tillräcklig kraft, för att böja atomjonerna åt sidan, måste atomfragmenten passera genom fält om hundratusen till hundrafemtiotusen volt för att avböjningen skall bli tillräckligt stor. Upprätthållandet av dylika fältstyrkor, utan att urladdningar inträffa och gnistor slå över, kräver en utomordentligt långt driven luftförtunning, cirka en miljarddel av atmosfärstrycket, och detta vacuum måste upprätthållas i omedelbar närhet och omkring ett intensivt alfa-, beta- och gammastrålande preparat med åtföljande tendens till gasutveckling ur alla de ämnen, som träffas av strålningen.

Dessa tekniska svårigheter ha icke avskräckt G. Stetter i Wien från att försöka konstruera ett mass-spektroskop för atomfragmenten, och det har efter mer än tvåårigt arbete lyckats honom att erhålla en anordning, vilken redan gjort goda tjänster för identifiering av dylika partiklar.

Principen är snarlik den Aston använt men modifierad för att motsvara de undersökta partiklarnas sällsynthet och exceptionella styvhet. Figur 54 visar sche-

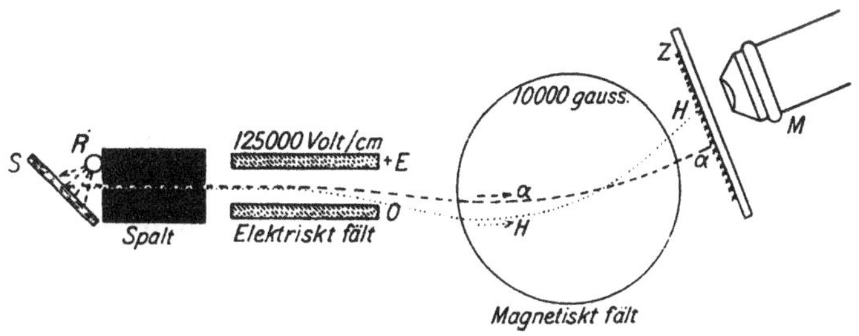

Fig. 54. En alfa- och en H-partikels banor i mass-spektroskopet.

matiskt en genomskärning av Stetters apparat med banan för dels ett genomflygande atomfragment, dels en reflekterad alfapartikel tecknad. Strålningskällan, *R*, är en liten tunnväggig glaskapillar fylld med högkoncentrerad radiumemanation. Från denna falla alfapartiklarna in mot en snedställd skiva, *S*, av den substans som skall undersökas. De däri utsprängda atomfragmenten få passera genom en spalt, ett system av fina springor mellan tunna glimmerblad lagda parallella med varandra på några tiondels millimeters inbördes avstånd, så att helt smala knippen av fragment med samma flygriktning utträda. Dessa få först passera mellan två från varandra isolerade plattor på ett inbördes avstånd av 2 mm, mellan vilka en elektrisk spänning om över 20 000 volt är anlagd. Partikelknippet undergår därvid en avböjning i den elektriska kraftens riktning motsvarande värdet av partiklarnas e/m och kommer så in i ett starkt magnetfält, där en avböjning riktad åt motsatt håll äger rum. Man kan med en enkel geometrisk konstruktion visa, att på en uppfångande yta, belägen på något avstånd utanför magnetfältet, komma partiklar med lika e/m men olika hastighet att sammanträffa till en bild av spalten, vilken ligger mer eller mindre förskjuten åt sidan om den oavböjda strålen. I denna yta är en avlång scintillationsskärm inkittad, där de ljusblixtar, som partiklarna frambringa, räknas med ett mikroskop. För att kunna räkna vid olika stark avböjning är mikroskopet förskjutbart längs zinksulfidskärmen medelst en skruvanordning och dess avstånd från noll-läget, där en oladdad partikel, som passerat apparaten oavböjd, skulle infalla, kan på tiondels millimeter när avläsas på en liten skala.

En räkning med denna apparat sker i stort sett som vid ett vanligt atomsprängningsförsök. Sedan den lilla kapillaren fyllts med emanation på sätt som skildrats i det föregående, bringas den på plats och likaså den substansskiva som skall bestrålas. Så tätas apparaten omsorgsfullt och luftpumparna, som skola alstra högvacuumet sättas i rörelse. Efter någon halvtimme är trycket så långt nere, att man kan våga anlägga den starka elektriska spänningen, varvid noga måste ses efter att ingen elektrisk urladdning äger rum. Går allt bra kunna räknarna inkallas och få en efter en taga plats vid mikroskopet, som mellan varje räkning av försöksledaren inställes på nya lägen, för att olika starkt avböjda partiklar skola räknas. De funna medelvärdena på partikeltalet vid olika avböjning, som framgå ur protokollet, avsättas till en kurva sådan som visas av figur 55. Där betyder höjden över nollaxeln antalet partiklar som iakttagits per minut vid olika värden på avböjningen som avsatts längs axeln. Kurvan visar tydliga maxima för vissa avböjningar och dessas värde kan ur apparatens konstanter omräknas till det värde på e/m som de motsvara.

Vid de första försöken med apparaten prövades den med en emanationsfylld kapillar, som på insidan innehöll

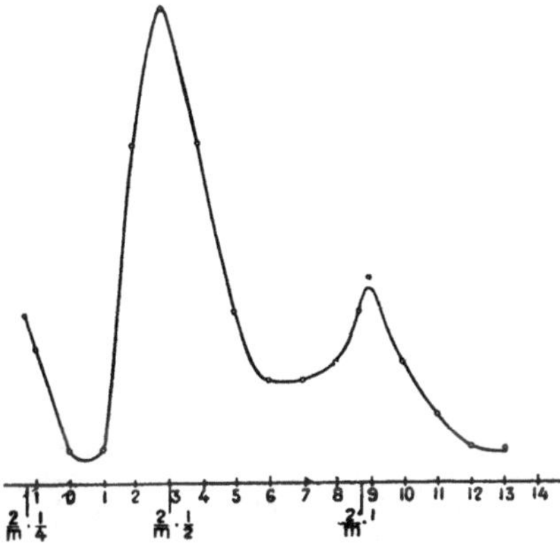

Fig. 55. Mass-spektrum från aluminiums sprängning visande ett maximum t. h. för atomfragmenten och ett t. v. för reflekterade alfapartiklar.

tunt paraffin och som var placerad mitt över spaltsystemet, så att massor av naturliga H-partiklar kunde passera genom detta. Räkningen gav ett mycket skarpt utpräglat maximum vid avböjningen 9,2 mm från nollpunkten. Å andra sidan visade beräkningen, att partiklar om vätejonens laddning och massa borde avböjas med 9,1 mm, alltså en utmärkt överensstämmelse. Figur 55 återgiver en *e/m* kurva för atomfragmenten från aluminium med ett tydligt maximum vid alldeles samma avböjning, utvisande att aluminiumkärnans brottstycken verkligen äro vätekärnor. Det bredvid synliga ännu högre maximet härrör från alfapartiklar reflekterade från aluminiumskivan, vilka motsvarande deras värde på *e/m* falla på en annan plats än H-partiklarna, varigenom all förväxling är utesluten. Även med elementen bor och kol ha liknande kurvor erhållits, vilka bekräfta att från dem H-partiklar utsprängas. För svenskt

Fig. 56. G. Stetters mass-spektroskop för atomfragmentens vägning i flykten.

järn från Sandviken, som prövats i samma apparat, ha likaså kurvor erhållits, vilka, ehuru de ej äro så vackra som för de andra tre elementen, dock ställa järnatomens sprängning utom fråga.

Undersökningar med Stetters apparat, vilken i sin helhet synes å fotografiet i figur 56, äro mycket påkostande för räknarna, vilka man icke helt och hållet kan skydda för gammastrålningen från de starka preparat, som användas. Ögonens känslighet påverkas därigenom ofördelaktigt, och redan efter någon halvtimmes räkning visa resultaten en påtaglig försämring. En ombyggnad av anordningen för observationer av de avböjda partiklarna enligt den elektrisk-akustiska metoden är förestående och kan väntas komma att väsentligen underlätta dess användning.

Kolatomens sprängning.

Frågan om kolatomen är sprängbar eller icke har varit föremål för synnerligen ingående undersökningar och en del diskussion. Under det försöken i Wien redan på ett tidigt stadium, så snart vinkelräta metoden kommit till användning, gåvo positiva resultat, utvisande ett relativt stort antal atomfragment av otvetydig H-karaktär men mycket kort räckvidd, så gåvo försöken i Cambridge genomgående negativt resultat. Enligt Wienerforskarnas mening kunde orsaken härtill ligga däri, att man i Cambridge över huvud taget endast prövat kol på partiklar, som genomträngt absorptionsglimmer motsvarande minst 3 à 4 cm luft, varigenom dels de talrika atomfragmenten om ännu kortare räckvidd icke kunnat iakttagas, dels de återstående fått sin räckvidd nedsatt till så små värden, övervägande 1 à 2 cm, att deras scintillationer voro för svaga för att med den använda optiken iakttagas. Vad denna sistnämnda beträffar kunde den visas vara betydligt mindre ljusstark är den, som för ändamålet använts i Wien. Därtill kommer, att Cambridgeförsöken i regel gjorts med mycket starka Ra C-preparat som strålningskällor, varvid det av gammastrålningen från preparatet förorsakade bakgrundsljuset hos skärmen måst ofördelaktigt inverka på de ljussvaga scintillationernas synbarhet.

Då sålunda scintillationsmetoden i fråga om kols sprängbarhet givit varandra motsägande resultat, var det desto viktigare att med de andra, under tiden utvecklade metoderna pröva denna fråga. Detta har också gjorts och i det föregående har redan visats, hurusom den fotografiska metoden och Wilsonmetoden givit stöd för kolatomens sprängbarhet. Några ytterligare bidrag till denna frågas belysande förtjäna här omnämnas.

Den form i vilken kol först undersöktes var såsom amorft kol i ren grafit, eller också kemiskt bundet kol i paraffin. Försöken utfördes enligt den vinkelräta metoden, kunde därför ske utan störning av paraffinets stora vätehalt och resultaten i fråga om partiklarnas antal och räckvidd gav inom felgränserna ingen skillnad för de båda substanserna. Senare har kol övervägande prövats dels i form av s. k. Achesongrafit med en kolhalt överstigande 99 %, dels i form av diamant, såsom bekant elementet kol i kristalliserad, absolut ren form. Vid undersökning av kol i form av diamant enligt scintillationsmetoden stöter man på en tidigare icke omnämnd svårighet i extrem form, substansen utsänder under alfastrålningens inverkan ett synligt ljus, som, fallande på scintillationsskärmen, försvårar iakttagelsen av de svagare scintillationerna. Det visar sig att ett dylikt ljus, kallat luminiscens, i större eller mindre grad utgår från alla ämnen, som bestrålas intensivt med alfapartiklar. Med vissa ämnen, särskilt diamant, är detta ljus synnerligen kraftigt. Diamant strålar med ett intensivt, i regel blågrönt ljus, när en intensiv alfastrålning faller mot dess yta, en egenskap, som kan användas för att igenkänna äkta diamanter från efterapningar gjorda av annat material. Emellertid tillkommer denna luminiscens olika diamanter i ganska olika grad.

Figur 57 visar i ungefär halv skala en sådan mosaik av vita diamantsplittror, utvalda för sin flata form, som använts såsom måltavla vid atomsprängningsförsök enligt olika metoder. Diamanterna ha i detta fall fotograferats vid sitt eget ljus, alstrat därigenom att en tunnväggig emanationskapillar lagts något ovanför mosaikens yta på ringa avstånd från densamma. Det synes huru vissa diamanter lysa kraftigare än andra ehuru belägna på större avstånd från kapillaren och alltså utsatta för en mindre kraftig bestrålning.

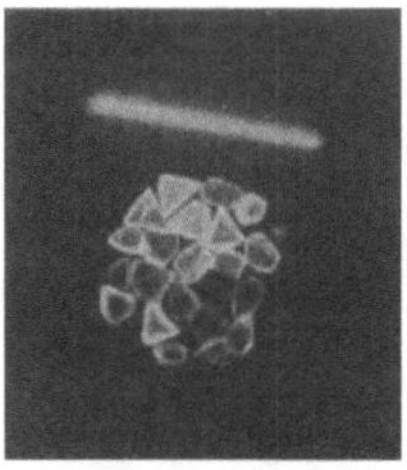

Fig. 57. Mosaik av diamanter lysande under alfabestrålning.

En intressant detalj i fotografien är det starka intryck, som kapillarens eget ljus gjort på plåten, ehuru den för ögat icke tycktes stråla på långt när så starkt som diamanterna. Förklaringen är säkerligen den, att ljuset från kapillarens glasväggar, framkallat av det intensiva alfa- och beta-bombardemanget inom densamma, innehåller en rikedom på kortvågiga, fotografiskt aktiva beståndsdelar.

Med den i figur 57 avbildade diamantmosaiken ha avgörande försök över kolatomens sprängning gjorts såväl enligt scintillationsmetoden med den å figurerna 36 och 37 avbildade apparaten som enligt Shimizumetoden. De ur kol utsprängda H-partiklarnas spår i fotografiplåten kunde icke erhållas med en skottavla av diamant, enär det starka luminiscensljuset genomträngde de flerdubbla aluminiumblad, som voro utspända närmast över filmen såsom ljusskydd. I stället måste grafit användas, varmed punktraderna å den i figur 45 återgivna mikrofotografien erhållits.

Det starkaste beviset för att de från kol under stark alfabestrålning iakttagna scintillationerna, fotografiska

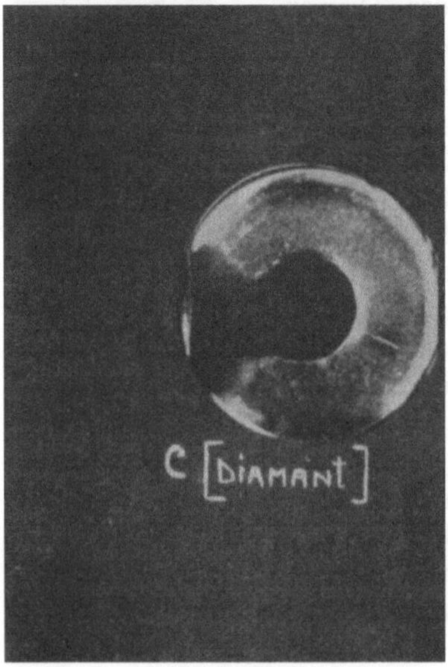

Fig. 58. Fotografi av en H-stråle från diamant synliggjord enligt Wilsonmetoden.

spåren och Wilsonbanorna verkligen äro H-partiklar, och att ingen förväxling med alfapartiklar eller någon annan korpuskulär strålning föreligger, gavs genom sådana försök i Stetters masspektroskop, som redan beskrivits, och som för kol gåvo tydliga maxima i fördelningskurvan för scintillationerna belägna vid den för äkta H-partiklar gällande avböjningen. Något tecken till atomfragment om annan massa kunde icke finnas för kol lika litet som för de övriga i masspektroskopet undersökta grundämnena.

Man kan på grund av det föreliggande försöksmaterialet sammanfattande säga, att kolatomens sprängbarhet ställts utom tvivel i den grad detta över huvud taget är möjligt med förefintliga undersökningsmetoder, och likaså har det fastställts, att de utsprängda atomfragmenten från detta element liksom från de andra undersökta äro övervägande om icke uteslutande vätekärnor. Vilken betydelse detta resultat har för våra föreställningar om atomkärnornas sammansättning kommer att beröras i ett följande kapitel.

Polonium.

Samtliga de tre metoder för iakttagelse av atomsprängning, som under de senaste åren utvecklats i Wien för att ersätta scintillationsräkningarna, grunda sig på användandet av polonium som strålningskälla. Med Radium C eller torium C såsom källa för alfapartiklar framkallar den genomträngande gammastrålningen en allmän svärtning av fotografiplåten, liksom bildning av en diffus dimma i Wilsonkammaren, i båda fallen omöjliggörande iakttagelsen av atomfragmentens spår. Även vid den elektrisk-akustiska metoden är frånvaron av ett starkare susande, sådant som förorsakas av genomträngande strålning, synnerligen fördelaktigt för iakttagelsen av den svaga effekten från långsamma H-strålar. Endast med polonium som strålningskälla ernås den nästan svarta bakgrund hos skärmen, vars betydelse för räkning av de ljussvagare scintillationerna redan omnämnts. Därtill kommer, att detta element på grund av sin långsamma avklingning ger en alfastrålning, som är praktiskt oföränderlig även under långvariga försöksserier, så att varje omräkning av iakttagelserna till konstant preparatstyrka. såsom vid radium C-försök, blir överflödig. Det ser ut som om polonium skulle bli framtidens strålningskälla vid fortsatta atomsprängningsförsök, åtminstone i de fall där dess alfapartiklars relativt korta räckvidd icke utgör något hinder. En kort redogörelse för huru starka poloniumpreparat om hög koncentration och renhetsgrad erhållas, kan därför vara en lämplig avslutning på denna framställning av ett modernt alkemiskt laboratoriums olika arbetsmetoder.

Polonium är, såsom flera gånger nämnts, den sista aktiva ättlingen av uran-radiumdynastien och förekommer därför över allt i naturen, där radium finnes. Det framställdes också första gången ur samma pechblendemineral, varur uran och radium extraheras. Denna framställningsmetod är ytterst besvärlig och fordrar stora mängder råmaterial, enär polonium däri förekommer i starkt utspädd form, och blandad med ett stort antal andra element, som komplicera dess kemiska rening. Vida enklare sker framställningen ur äldre radiumpreparat, vari en avsevärd del av jämviktsmängden radium D, poloniums långlivade modersubstans, hunnit bildas. Man utgår därvid från en lösning av radiumnitrat, vilken elektrolyseras med elektroder av platina med helt svag ström, några tusendels ampère för varje kvadratcentimeter av elektrodens yta. På den positiva elektroden avsätter sig därvid ett rödbrunt till svart lager av blysuperoxid, varav radiumpreparatet ofta innehåller spår, och blandad med denna blyförening finnes mycket små mängder radium D, som själv är en blyisotop. Superoxiden av bly och Ra D avlägsnas med syror från elektroden, och denna lösning elektrolyseras i regel ännu en eller två gånger för att få bort små spår av radium. Till sist erhålles en lösning av radium D-haltigt bly, varur polonium, som oupphörligen alstras genom detta ämnes sönderfall över radium E, kan tid efter annan extraheras. För att skilja polonium och radium D, kan man upprepa elektrolysen med ännu svagare ström, då enbart polonium men ingen Ra D avskiljer sig på den negativa polen. Elektrolysen, vilken måste fortsättas under ett till flera dygn, giver en fullkomligt blank elektrod, men den för ögat osynliga poloniummängd, varmed den är belagd, får ett elektroskop att snabbt urladda sig och en diamant eller en scintillationsskärm att flamma upp med starkt ljus, när det i mörkret hålles intill densamma. På mycket små ytor, vilka ibland behövas som

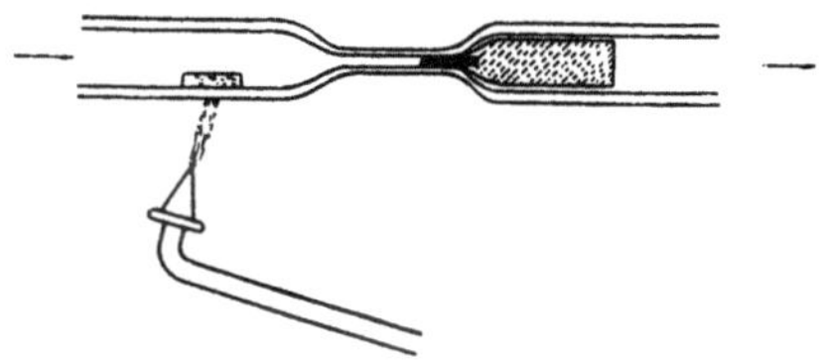

Fig. 59. Anordning för destillation av polonium.

strålningskällor, går det ej att elektrolytiskt koncentrera starka poloniumpreparat.

Mycket koncentrerade poloniumpreparat om hög renhet och icke allt för stor styrka erhållas enklast genom destillation. Man inför för ändamålet den elektrod, varpå polonium avsatts elektrolytiskt, i ett rör av smält kvarts, som på ett ställe utdragits till fin kaliber, figur 59. I denna del är från andra sidan en i en mässinghållare fastklämd millimetertjock tråd av palladium (svärtad i figuren) med vinkelrätt avskuren ände införd, så att snittytan nära utfyller det finkalibriga kvartsrörets tvärsnitt. Med en syrgaslåga upphettas så det poloniumhaltiga metallblecket till nära vitglödning, under det en långsam ström av ren vätgas ledes genom röret i riktning mot palladiumtråden. En avsevärd del av poloniummängden destillerar då över och sätter sig huvudsakligen på själva trådens ändyta. Sannolikt spelar bildningen av en gasformig förening mellan polo-

Fig. 60. Destillation av polonium i kvartsrör vid vitglödningstemperatur.

nium och vätgas en viss roll vid denna process. På så sätt ha preparat om en styrka likvärdig med nära $^1/_2$ milligram radium kunnat koncentreras på den knappt en halv kvadratmillimeter stora ändytan av en tunn palladiumtråd, givande från denna nära punktformiga strålningskälla en allsidig strålning om cirka 20 miljoner alfapartiklar per sekund. De preparat, med vilka atomfragmentens strålningsspår i fotografiplåten påvisats, ha framställts på detta sätt.

Det allra yppersta råmaterialet för framställning av rena radium D- och poloniumpreparat består i de fina glasnålar, som, fyllda med radiumemanation användas till bestrålning av kräfttumörer. Sedan emanationen i dessa nålar dött bort och de sålunda icke längre äro

Fig. 61. Mätning av poloniumpreparatens styrka i cylinderkondensatorn.

användbara för medicinskt bruk, krossas de, och den ur emanationen bildade, osynliga beläggningen av radium D, E och F, som bekläder deras insida, utdrages med kungsvatten.[1]

Frågar man huru poloniumpreparat av allra högsta styrka kunna framställas, så lyder det något överraskande svaret: med hjälp av en väckarklocka! Förklaringen härtill är följande.

Mlle Irène Curie, som ägnat särskild uppmärksamhet åt högkoncentrering av ren polonium, med vilken substans såsom strålningskälla hon utfört utomordentligt vackra undersökningar, har funnit bästa metoden härför vara den, att låta en liten skiva av rent silver eller nickel under längre tid långsamt rotera i den till

[1] Genom tillmötesgående från ett amerikanskt sjukhus erhöll författaren för någon tid sedan ett tusental fina emanationskapillarer ur vilka en större radium D-poloniummängd sedan extraherats.

några droppars volym koncentrerade lösningen av extraktet från kapillarerna, sedan denna renats från spårvisa föroreningar med andra metaller. Enklaste sättet att åstadkomma denna omrörning består i att taga en väckarklocka, avlägsna dess sekundvisare och vid dennas axel fastsätta en liten glasstav bärande en några kvadratmillimeter stor skiva av rent silver. Med denna stav pekande rakt nedåt anbringas väckarklockan, fastklämd vid ett stativ, ovanför ett litet höj- och sänkbart bord, varpå ställes en fingerborgsstor skål av kvarts med den dyrbara poloniumlösningen. Bordets höjd regleras så, att silverskivan nätt och jämnt når ned i ytan. Klockan får i detta läge gå under en dag, varunder silverskivan vrides runt ett tusental gånger. Vid en lyckad extraktion befinner sig därefter större delen av poloniummängden avsatt på silvrets yta. Den intensiva alfastrålningen därifrån framkallar ozonbildning i luften omkring och bildning av ett svart oxidlager ovanpå silvret, varemot poloniummängden själv även i högsta koncentration knappt är skönjbar. På detta sätt har det förut omnämnda ytterst starka poloniumpreparat, som använts i Wien, blivit framställt.

Mängden av polonium mätes genom att bestämma intensiteten av den elektriska ström, som genom luften i en större cylindrisk eller kulformig kondensator transporteras av de joner alfastrålningen framkallar.

MATERIENS INNERSTA STRUKTUR

Atomkärnornas sammansättning.

»Dass ich erkenne, was die Welt
im Innersten zusammenhält»

är Fausts önskan, målet för hans titaniska forskande. Men när han söker tvinga fram svaret genom att med magiska formler frambesvärja Alltets genius, Makrokosmos' ande, förmå hans svaga människoögon icke uthärda den fruktansvärda synen.

Den nutida materieforskaren upprepar Faust's fråga, men riktar den ej till makrokosmos utan till mikrokosmos, och hans medel att få sanningen i dagen äro icke besvärjelser utan experiment. Också för honom visa sig mänskliga ögon vara för ofullkomliga för att skåda verkligheten, instrumentens hjälp måste tillgripas och med alfapartikeln såsom projektil en bräsch skjutas i kraftpansaret runt atomens kärna, där materiens innersta hemlighet är dold.

Redan studiet av atomens yttre regioner, av det moln av elektroner, som omgiver och avgränsar den utåt, har visat, att krafterna som spännas mellan dess olika delar och hålla dem sammanfogade äro av elektrisk art. Det band, som håller vårt solsystem samman och hindrar vår planet att försvinna i världsrymdens köld och mörker, är den allmänna gravitationen, för oss märkbar såsom tyngdkraften. För atomen, solsystemet i miniatyr, ersättes gravitationen av det elektriska fältets mer intensiva krafter, och den lag, som behärskar rörelserna där, är icke Newtons utan Coulombs,[1] den elektrostatiska kraftlagen. Det är attraktionen mellan laddningar av motsatt tecken, mellan plus- och minuselektriciteten, som fjättrar de negativa elektronerna vid den positivt laddade atomkärnan och tvingar dem att runt denna utföra sin eviga ringdans. Men atomkärnan själv, huru kan väl den vara sammanfogad?

Skenbart stöta vi här på en motsägelse. Kärnan bär positiv laddning, vilken från element till element i grundämnenas periodiska system stiger med en enhet, alltifrån vätekärnans enda till urankärnans nittiotvå laddningsenheter. Man måste då fråga sig, vad som tvingar dessa varandra bortstötande positiva laddningar att hålla sig sammanpackade inom den ofantligt ringa rymd, som atomkärnan intager. Några ha sökt lösa denna motsägelse med det djärva antagandet, att för så små avstånd, som det här är fråga om (biljondelar av en centimeter) den elektrostatiska kraftlagen icke längre är giltig. Positiva elektricitetsladdningar skulle, bragta så nära varandra, icke blott upphöra att bortstöta varandra utan i stället dragas samman, repulsionen slå om i attraktion, den elektrostatiska kraftlagen byta om förtecken. Andra forskare ha antagit, att väl-

[1] Den elektrostatiska kraftlagen, efter sin upptäckare i regel benämnd Coulombs lag, har stora likheter med Newtons lag för den allmänna gravitationen. Liksom denna är den elektrostatiska kraften omvänt proportionell mot kvadraten på det avstånd som skiljer laddningarna åt och direkt proportionell mot produkten av laddningarna enligt formeln $F = \frac{e_1 \cdot e_2}{r^2}$, där kraften är bortstötande (positivt tecken), när båda laddningarna ha lika förtecken.

diga magnetiska krafter, förorsakade av snabba rörelser hos de i kärnan ingående elektriska laddningarna, sammansvetsa kärnans olika delar och övervinna repulsionen mellan plus-laddningarna. De krafter som upprätthålla atomkärnans stabilitet skulle alltså vara av elektrodynamisk art, liknande dem som verka mellan två strömgenomflutna metalltrådslingor.

Emellertid giver atomkärnornas egen sammansättning vissa fingervisningar för en enklare tydning av stabiliteten. Att de icke kunna innehålla uteslutande positiva laddningsenheter framgår av radioaktiva fakta. De vid sönderfall under beta-strålning utkastade elektronerna komma inifrån kärnan. Denna måste alltså, utom sina utåt märkbara plus-laddningar, även innehålla laddningsenheter av motsatt tecken, kärnelektroner.

Nu ha alla rön över atomsprängning, som hittills gjorts, visat, att de fragment som därvid lösgöras äro vätekärnor. Även Astons försök att med högsta precision bestämma de olika, kemiskt oskiljaktiga »isotopa» grundämnenas atomvikt ha visat, att vätekärnan måste spela en viktig roll såsom byggnadssten i de andra grundämnenas atomkärnor. Å andra sidan äro de atomfragment, som vid radioaktivt sönderfall utslungas, alfapartiklarna, icke väte- utan heliumkärnor, och man skulle därför egentligen ha att göra med tre olika slag av beståndsdelar i atomkärnorna: heliumkärnor (alfapartiklar), vätekärnor (H-partiklar) och kärnelektroner (betapartiklar).

Emellertid ligger det nära till hands antaga, att även heliumkärnan är av sammansatt natur och består av fyra vätekärnor hopfogade med två kärnelektroner. Antalet urbeståndsdelar i atomkärnorna och därmed i materien över huvud taget reduceras sålunda till två, vätekärnor, även kallade *protoner* och elektroner.

Då elektronernas bidrag till atomens tröga massa är ytterligt ringa, måste denna nästan uteslutande utgöras av vätekärnornas sammanlagda massor. Dessas antal bör då vara lika stort, som atomvikten har enheter. Kolatomen med atomvikten 12 måste innehålla jämnt ett dussin protoner, vilkas sammanlagda elektriska laddning naturligtvis är + 12 enheter. Emellertid har kol med ordningsnumret 6 i grundämnenas periodiska system endast kärnladdningen + 6. Dess kärna måste därför, utom de tolv protonerna, innehålla sex kärnelektroner, så att nettoladdningen reduceras till det faktiskt funna antalet. För syrekärnan med atomvikten 16 och kärnladdningen + 8 måste kärnelektronerna vara 8. Aluminium med atomvikten 27 och kärnladdningen + 13 måste, utom sina 27 protoner, ha 14 kärnelektroner för att nettoladdningen skall kunna bli den riktiga. Följande schema[1] visar antalet byggnadsstenar av båda slagen, som de lättaste grundämnenas kärnor böra innehålla:

	atomvikt	kärnladdning				
Väte -kärnan:	= 1,	= + 1	har	1 proton	och	0 kärnelektroner
Helium » :	= 4,	= + 2	»	4 protoner	»	2 »
Litium » :	= 7,	= + 3	»	7 »	»	4 »
Beryllium » :	= 9,	= + 4	»	9 »	»	5 »
Bor » :	= 11.	= + 5	»	11 »	»	6 »
Kol » :	= 12,	= + 6	»	12 »	»	6 »
Kväve » :	= 14,	= + 7	»	14 »	»	7 »
Syre » :	= 16,	= + 8	»	16 »	»	8 »
Fluor » :	= 19,	= + 9	»	19 »	»	10 »
o. s. v.						

[1] I tabellen har bortsetts från att vissa grundämnen hava två eller flera isotopa slag av atomer, litium sålunda har två isotoper med atomvikterna 6 och 7. Då kärnladdningen i båda fallen är densamma, så har litium$_6$ i sina atomer en byggnadssten av vardera slaget mindre än litium$_7$, eller 6 protoner och 3 kärnelektroner.

Såsom framgår av tabellen finner man antalet kärnelektroner för ett visst atomslag genom att från atomvikten subtrahera kärnladdningen, båda värden som kunna på experimentell väg bestämmas.

En närmare granskning av tabellen liksom av den fortsättning till densamma, som lätt kan åstadkommas, visar, att för intet enda atomslag, om man undantager väte, är proportionen mellan elektroner och protoner i kärnan mindre än 1 : 2. För vissa ämnen såsom helium, kol, kväve, syre m. fl. har förhållandet mellan de båda slagen av kärnbeståndsdelar just detta värde, men för de flesta element är det större och tilltager med elementets ordningsnummer, så att det för de tyngsta atomslagen närmar sig 3 : 5.

Detta faktum är högst betydelsefullt och kan endast tydas så, att ett visst minimiantal negativa laddningar måste finnas i atomkärnan för att denna över huvud taget skall vara stabil. Det ligger då nära till hands att i kärnelektronerna se det bindemedel eller »kitt», som håller de övertaliga protonerna samman och hindrar deras ömsesidiga repulsion från att spränga sönder atomkärnan.

Huru en sådan kittverkan kan tänkas komma till stånd har visats av Lenz för den enklaste av de sammansatta atomkärnorna, heliums. Figur 62 visar den av Lenz härför föreslagna modellen. De två vita kulorna, belägna i var sin ände på modellens vertikala axel, äro de båda kärnelektronerna, under det de fyra protonerna, markerade av svarta kulor, äro anbragta på en cirkel vinkelrät mot axeln och stadda i snabb rotation runt denna. Vid lämpliga värden på modellens proportioner och på rotationshastigheten kan attraktionen mellan protonerna och kärnelektronerna hålla i jämvikt de upplösande krafterna, d. v. s. de liknämnda laddningarnas ömsesidiga repulsion och centrifugalkraften, som vill slunga protonerna utåt. Modellen är alltså vad man kallar dynamiskt stabil, ehuru dess beräknade stabilitet visserligen icke räcker till för att förklara den enorma hållfasthet, som utmärker heliumkärnan såsom alfapartikel.

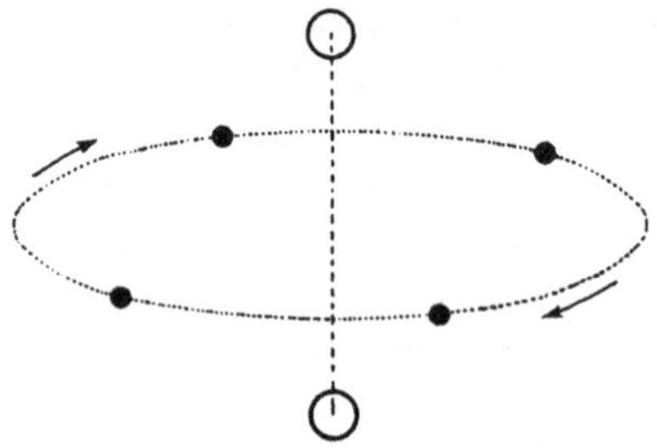

Fig. 62. Lenz' modell för heliumkärnan.

Likartade kärnmodeller uppbyggda efter en något annan princip ha för de lättare grundämnena föreslagits från annat håll. Emellertid måste försök att tillämpa densamma för de mera sammansatta atomkärnorna leda till högst komplicerade modeller. Totala antalet protoner och elektroner, som behövas för att exempelvis bygga upp en uranatoms kärna, närmar sig fyra hundra! Icke dess mindre visa dessa försök till kärnmodeller, att atomkärnornas stabilitet låter sig åtminstone kvalitativt förklaras på grundval av elektrostatisk kraftverkan mellan de i desamma ingående laddningarna, utan att man behöver införa någon teckenförändring i Coulombs lag eller gripa till hypotetiska kärnkrafter av elektromagnetisk art.

För att ernå en mera utformad föreställning om atomkärnornas struktur erfordras otvivelaktigt ett fylligare underlag av experimentellt arbete. Här kan endast givas en antydan om den riktning, i vilken det för närvarande synes mest lönande att arbeta mot detta mål.

Kraftfältet runt atomkärnan.

Såsom redan nämnts äro de sammanhållande krafterna i atomens mikrokosmos av elektrisk art. Problemet om materiens innersta struktur blir därför beroende av vilken lag, som gäller för denna kraftverkan, den oförändrade Coulombska lagen eller en annan, varvid möjligen andra krafter än de elektrostatiska kunna tänkas spela in. För att få visshet härom måste giltigheten av Coulombs lag experimentellt prövas för de ytterligt små avstånd, som härvidlag ifrågakomma, d. v. s. i omedelbar närhet intill atomkärnorna. De snabba alfapartiklar, vilka kometlikt genomflyga atomens solsystem, ibland nående helt nära dess centrum, erbjuda en möjlighet till en sådan experimentell prövning.

Klart är att endast det ytterligt sällsynta slag av atompassage, då alfapartikeln råkat undergå en mycket stor riktningsförändring, äger betydelse för detta problem, ty just de starkt avböjda partiklarna äro de, som råkat komma i omedelbart grannskap av kärnan. Då alfapartikelns laddning har samma tecken som atomkärnans måste kraften dem emellan vara bortstötande, så framt Coulombs lag gäller. I motsats till kometen, som »faller in mot solen» och i dennas närhet når sin största hastighet, blir alfapartikeln på sin väg in mot atomkärnan bromsad av motsatt riktade krafter och denna bromsning är större, ju högre laddning kärnan har. Endast snabba alfapartiklar kunna därför väntas vara i stånd att komma atomkärnan riktigt nära och de böra ha större utsikter härtill, ju mindre kärnladdningen är, d. v. s. för element med låga ordningsnummer i det periodiska systemet.

Det är naturligtvis omöjligt att följa en individuell alfapartikels bana i det inre av en atom. Men har partikeln råkat undergå en stark avböjning från sin ursprungliga flygriktning under atompassagen, så skvallrar avböjningens storlek om styrkan av de krafter, för vilka partikeln varit utsatt. För att kunna studera kärnans kraftfält i atomerna av ett visst grundämne, låter man ett mycket stort antal alfapartiklar av hög hastighet passera genom ett tunt skikt av ämnet och bestämmer statistiskt genom räkning av de starkare avböjda partiklarna, hur dessas antal varierar med avböjningens storlek. Den Rutherford-Darwinska teorien för alfapartiklarnas avböjning möjliggör att förutberäkna, huru antalet partiklar tillhöriga grupper med olika stark vinkelavböjning böra förhålla sig till varandra. Stämma de experimentellt funna proportionerna med beräkningen, så visar detta, att teoriens förutsättningar gälla, d. v. s. att kraften mellan alfapartikeln och atomkärnan hela tiden bestämts av Coulombs lag såsom för punktformiga laddningar.

Skulle däremot antalet alfapartiklar inom en viss grupp befinnas vara proportionsvis mindre än teorien föreskriver, så betyder detta att ifrågavarande partiklar under sin bana kommit under inflytande av en undernormal kraft, d. v. s. svagare än vad Coulombs lag ger vid handen. Är omvänt partikelantalet inom gruppen proportionsvis för stort, måste kraften ha varit övernormal, större än enligt Coulombs lag. I en sådan statistisk undersökning av antalet alfapartiklar, som avböjts med allt större och större vinklar, ligger alltså en möjlighet sondera kraftfältet runt atomkärnan på dess styrka, i det »sonden» föres allt närmare och närmare intill kärnan, ju starkare vinkelavböjningen är för den partikelgrupp, vars experimentellt funna antal jämföres med det teoretiska.

En av Rutherfords medarbetare, Chadwick, fullföljde de skjutförsök mot atomer av olika slag, på vilka teorien grundats, men han ernådde en betydligt högre noggrannhet, än vad som var möjligt vid de tidigare mätningarna. Genom att räkna antalet snabba alfapartiklar som kastas åt sidan under vissa bestämda, av försöksanordningen givna vinklar under passagen genom atomer av koppar, silver och platina, fann han teorien fullkomligt bekräftad och kunde dessutom beräkna, vilka värden på ifrågavarande atomkärnors laddning, som erfordrades för att förklara effekten. Resultaten stämde perfekt med dem man på helt andra grunder funnit, en verklig triumf för dessa atomistiska skjutövningar. Det minsta avstånd som beräknades ha förefunnits mellan en platina-atomkärna och den avböjda alfapartikeln vid dessa försök var 7 biljondels centimeter. Ur den goda överensstämmelsen mellan teori och experiment slöt Chadwick, att Coulombs lag bör gälla ända ned till detta avstånd.

En annan av Rutherfords medarbetare, Bieler, företog liknande försök men tog som mål för beskjutningen atomer av lättare element, nämligen magnesium och aluminium med kärnladdningarna + 12 och + 13, samt iakttog därvid alfapartiklar, som fått sin flygriktning avböjd med ännu större vinklar än vid Chadwicks försök, ända till nära 90° i medelvärde. För dessa visade sig överensstämmelsen mellan teori och mätning vara mindre god. Det iakttagna antalet partiklar var avsevärt mindre än vad teorien angav, och avvikelsen blev desto större, ju snabbare partiklar som användes, ett bevis för att diskrepansen ökas med större närhet intill atomkärnan. Bieler kunde återställa överensstämmelsen mellan mätning och beräkning, om han antog att jämte den bortstötande »Coulombska kraften» en *tilldragande* kraft förekommer i kärnans omedelbara närhet, vars styrka vid ytterligare minskning av avståndet från kärnan tilltager långt snabbare än den Coulombska kraften, alltså icke omvänt som radien i kvadrat utan omvänt som dess fjärde potens, $\frac{1}{r^4}$ i stället för $\frac{1}{r^2}$. Denna »nya» kraft måste därför vid ännu mindre kärnavstånd, än dem Bielers snabbaste alfapartiklar uppnått, komma att dominera över repulsionen, så att kraftsumman bleve tilldragande i stället för bortstötande. Detta resultat tyckes skenbart stå i bästa överensstämmelse med antagandet om ett verkligt omslag i tecknet för själva den Coulombska lagen vid tillräckligt små avstånd, och så tyddes även Bielers resultat av Cambridgeskolans fysici.

En enkel betraktelse visar emellertid, att detta icke behöver vara fallet, utan att Coulombs lag i oförändrad form kommer att leda till samma resultat, ifall man blott tillämpar densamma på riktigt vis. Lagen gäller strängt endast för punktformiga laddningar, vilka sakna nämnvärd utsträckning i förhållande till avståndet mellan dem. Atomkärnorna åter äro med all säkerhet system av laddningar, vilkas inbördes avstånd från varandra bestämmes av kärnans dimensioner. Blir avståndet mellan en annalkande alfapartikel och en atomkärna minskat till jämförbarhet med kärnans egen storlek, så kan denna icke längre betraktas som en *punktformig* laddning. Kraften mellan alfapartikeln och atomkärnan måste vid så små avstånd beräknas som en kraftsumma, i vilken delkrafter mellan partikeln och var och en av enhetsladdningarna inom kärnan ingå. För dessa delkrafter kan den Coulombska lagen gälla strängt, förutsatt att de ifrågavarande laddningarna, alfapartikelns och enhetsladdningarna inom kärnan, kunna betraktas såsom punktformiga, men deras *sammanlagda* verkan eller kraftsumma kan avsevärt skilja sig från den för en punktformig atomkärna beräknade.

Ännu tydligare blir detta, om man tar i betraktande, att atomkärnan innehåller icke blott positiva laddningar, protoner, utan även negativa kärnelektroner i ett minst hälften så stort antal. De senares inverkan på alfapartikeln är motsatt riktad till de förras, nämligen attraherande i stället för bortstötande. Om nu av någon anledning elektronerna inom kärnan maka sig närmare den anstormande alfapartikeln och protonerna längre bort från den, så komma de förras tilldragande krafter att på grund av den extra avståndsminskningen snabbare tillväxa i styrka, än vad den Coulombska lagen för en punktformig kärna motsvarar, under det de bortåt förskjutna protonernas bortstötande kraft kommer att fördröjas i sin tillväxt. Detta är just vad man har anledning vänta, om man gör det nära till hands liggande antagandet, att del-laddningarna inom kärnan ha en viss rörelsefrihet. Alfapartikelns eget elektriska fält måste då framtvinga en nyorientering av laddningarna inom kärnan, vad som inom elektrostatiken benämnes en elektrisk induktion eller en »polarisation» av atomkärnan. En under vissa förenklingar utförd överslagsräkning visar, att denna nya, genom polarisationen framkallade extrakraft bör tilltaga långt hastigare vid avståndsminskningen än den

Coulombska kraften, nämligen omvänt som femte potens på avståndet, $\frac{1}{r^5}$, ett resultat, som icke väsentligen skiljer sig från det av Bieler funna. Och räkningen visar även, att för ett visst avstånd skall den attraherande kraften från kärnelektronerna dominera över repulsionen från protonerna, så att en alfapartikel, kommen innanför denna kritiska zon, skall *dragas intill kärnan.*

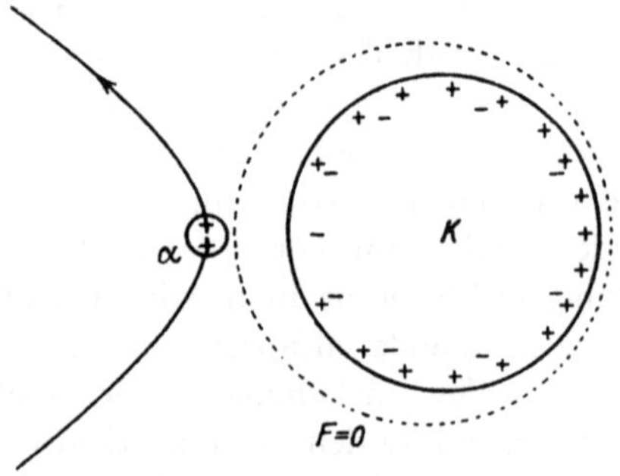

Fig. 63. Hur den annalkande alfapartikeln »polariserar» atomkärnan.

Figur 63 giver en schematisk bild av en dylik polarisation av en atomkärna (den större cirkeln) under inverkan från en annalkande alfapartikel (den mindre cirkeln). Enhetsladdningarna inom kärnan (betecknade med plus- och minustecken) tänkas därvid röra sig längs cirkelns omkrets, eller, i en tredimensional bild, över ytan på en sfär motsvarande atomkärnan. En cirkel liggande excentriskt utanför kärnan (streckad i figuren) markerar det kritiska avstånd vid vilket kraftsumman slår om från repulsion till attraktion. Innanför denna stötes icke alfapartikeln längre bort utan kan *fastna i kärnan,* alltså en förklaring till den i

Wien och Cambridge gjorda iakttagelsen, att den sprängande alfapartikeln icke återstudsar från kärnresten.

Den exakta behandlingen av detta problem, atomkärnans polarisation under inflytande av den annalkande alfapartikeln och dennas effekt på kraftfältet och på lagarna för alfapartikelns avböjning vid mycket små kärnavstånd har bearbetats av Debye och Hardmeier, vilka kommit till resultat, som icke blott kvalitativt utan även i viss grad kvantitativt stämma med iakttagelser gjorda i Cambridge. Kort förut utförda mätningar av Rutherford och Chadwick, vid vilka antalet avböjda partiklar, avskjutna med olika hastighet mot atomer av aluminium, guld och uran, blevo räknade, hade givit högst egendomliga resultat för den förstnämnda metallen. Dessa ha fått en tillfredsställande förklaring genom Debye's beräkningar. Man kan sammanfattande säga, att tanken om en polarisationskraft såsom förklaring till skenbara avvikelser från den Coulombska lagen, visat sig med framgång kunna utsträckas även till atomkärnans fysik[1]. Omvänt innebär naturligtvis detta ett starkt stöd för uppfattningen av atomkärnan såsom ett av olika enhetsladdningar, förskjutbara inom vissa gränser, sammansatt system. Sist men icke minst talar detta även för giltigheten av den Coulombska kraftlagen även vid de ytterligt små avstånd, som motsvara atomkärnornas dimensioner.

---

[1] Detta av författaren först framförda antagande om en polarisation av atomkärnan, till vilken Rutherford tidigare ställt sig avvisande, har av honom på sista tiden accepterats och lagts till grund för hans nya teori för de radioaktiva atomernas kärnstruktur.

Atomkärnornas dimensioner.

De första försöken över reflexionen av snabba alfapartiklar mot atomkärnor gåvo en möjlighet att uppskatta de senares dimensioner. Då antalet alfapartiklar som återkastades i vinklar på över 90° från guld var ungefär en på tiotusen och man kunde angiva antalet av varje partikel genomslagna guldatomer vid ifrågavarande försök till storleksordningen tiotusen, så var det klart, att träffchansen mot en guldkärna jämförd med träffchansen mot en guldatom skulle motsvara produkten av dessa båda bråk eller ungefär en på hundra miljoner. Uppfattar man guldatomens kärna som pricken i en måltavla, vars hela yta är guldatomens tvärsnitt, så böra kärnans och atomens radier förhålla sig tillnärmelsevis som kvadratroten ur träffchanserna, alltså som 1 till roten ur en hundramiljondel d. ä. 1 : 10 000. Atomkärnan bör alltså till sina lineära dimensioner vara tiotusendelen av atomens. Då atomradien för en guldatom kan angivas i hundramiljondels centimeter, så borde dess atomkärnas radie kunna angivas i biljondels centimeter, d. v. s. med ett decimalbråk, där de första elva siffrorna efter decimalkommat äro nollor.

Denna uppskattning av kärnradien är naturligtvis högst ungefärlig och anger, såsom fackmännen säga, egentligen bara dess storleksordning. De exaktare försök till sondering av atomerna genom beskjutning med snabba alfapartiklar, vilka sedermera utförts i Cambridge, medgiva möjlighet till noggrannare bestämningar. Så kan det minsta avstånd från en atomkärna, vartill en alfapartikel framtränger, under det avböjningen, som densamma undergår, ännu står i överensstämmelse med Rutherford-Darwins teori, antagas som ett slags övre gräns för kärnans radie. I överensstämmelse härmed slöt Chadwick ur sina försök med alfapartiklar avböjda mot kopparatomens kärna, att dennas radie bör vara mindre än det minsta avstånd som beräknades förekomma vid kärnträffen 7 biljondels centimeter. Å andra sidan kunde Bieler, som icke fann sina mätningar stämma med teorien, sluta, att han vid skjutförsöken mot aluminium- och magnesiumkärnan kommit in till dessas omedelbara närhet. Han beräknade ur mätningarna det kritiska avstånd, där den hypotetiska attraktionskraft han funnit skulle dominera över repulsionen, till ungefär en tredjedel av en biljondels centimeter. Detta värde, vilket Bieler satte lika med aluminiumkärnans radie, överraskar genom sin litenhet. Mätningar av alfapartikelns radie, vilka i det följande skola refereras, hade nämligen för denna givit ett avsevärt högre belopp. Att summan av radierna för alfapartikeln och aluminiumkärnan, vilket är den kvantitet som Bielers beräkning av kritiska avståndet egentligen motsvarar, skulle ha mindre i stället för större dimensioner än alfapartikelns radie, innebär en motsägelse.

En annan möjlighet till bedömande av aluminiumkärnans dimensioner gåvo erfarenheterna från dess sprängning. Antager man, att endast centrala träffar från en alfapartikel giva anledning till lösgörande av en H-partikel, så utgör utbytestalet för de utsprängda H-partiklarna ett slags mått på träffchansen mot en aluminiumkärna. Under det de låga utbytesvärden för atomfragmenten från aluminium, som först funnits i Cambridge, läto sig väl förena med Bielers låga värde på aluminiumkärnans radie, så gåvo de högre utbytessiffror, som Schmidt i Wien funnit, väsentligt större kärnradier. En exakt beräkning på denna grund är likväl svår att genomföra, då man icke kan uppfatta aluminiumkärnan enbart som pricken i en måltavla vars storlek låter sig beräknas ur den experimentellt funna träffchansen för alfapartiklarna, utan måste taga hänsyn till den avböjning alfapartikeln undergår, redan innan den kommit i kärnans omedelbara närhet, vilket återigen skulle kräva en bestämning av den ännu ofullkomligt kända kraftlagen. Man kan redan av detta skäl endast angiva ungefärliga siffror och enligt dessa skulle aluminiumkärnans radie, på grundval av mätningarna i Wien, vara närmare två biljondels millimeter, medan åter de senast offentliggjorda mätningarna i Cambridge föra till endast 0,8 av samma enhet. I varje fall synes en tydlig tendens förefinnas på båda håll, att tillskriva atomkärnan för de lättare elementen större dimensioner än man tidigare ansett sannolika. Beträffande de i Wien funna värdena måste uttryckligen framhållas, att de snarare torde vara för låga än för höga, och att kärnradier om väsentligen högre belopp icke kunna anses uteslutna.

För de tunga atomslagen guld och uran förde Rutherfords och Chadwicks redan förut omtalade mätningar av de under stora vinklar avböjda alfapartiklarnas antal till ett synnerligen egendomligt resultat. Mätningar och beräkning visade sig inom felgränserna stämma t. o. m. för alfapartiklar, som träffat atomkärnan så centralt och med sådan fart, att deras minsta avstånd från dess centrum kunde beräknas uppgå till endast 3 biljondels centimeter. För guldatomer kunde denna siffra accepteras med jämnmod, men för uranatomen förorsakade ett enahanda resultat av mätningarna ett ganska besvärligt dilemma. För uranatomen kan man nämligen ur radioaktiva data beräkna ett minimimått på kärnradien motsvarande den utslungade alfapartikelns hastighet, nämligen under antagandet att denna förvärvar hela sin hastighet under flykten genom kärnans repellerande fält. Ty då kärnans laddning, 92 enheter, är känd, behöver man endast räkna ut över huru stor sfär den bör vara fördelad, för att potentialfallet från denna sfärs yta till oändligheten skall räcka till för att skänka alfapartikeln den rörelseenergi som dess utloppshastighet motsvarar. Man finner så ett värde på kärnradien som är över 6 biljondels centimeter eller mera än dubbelt större, än vad Rutherfords och Chadwicks beskjutningsförsök giva vid handen. Antager man återigen, att alfapartikeln, som lämnar urankärnan, redan ägde en viss rörelsehastighet, innan den började pådrivas av kärnans bortstötande fält, så finner man för detta ännu mindre, d. v. s. för kärnradien ännu större värden.

För att komma från detta dilemma har Rutherford antagit, att urans liksom andra tyngre grundämnens atomkärnor bestå av två delar, en inre, »centralkärnan», inom vilken så gott som hela den positiva överskottsladdningen är samlad och som därför är centrum för de avböjande krafterna vid alfapartiklarnas kärnträffar, och en yttre region, inom vilken ett antal positiva och negativa laddningar förekomma, vilka nära eller fullständigt neutralisera varandra. Från denna yttre del av kärnan, vars radie alltså kan vara betydligt större, än vad som motsvarar alfapartiklarnas avböjning under inflytande av centralkärnans kraftfält, skulle de långsammare alfapartiklarna från radioaktiva element komma.

Utan att här ingå på diskussionen av denna kärnans uppdelning i olika regioner, så kan man på nuvarande stadiet säga, att de ur avböjningsförsöken beräknade värdena på atomkärnornas radier givit värden, vilka stå i motsats till såväl erfarenheter från det radioaktiva sönderfallet som ock från atomsprängningen. Tills säkrare värden kunnat erhållas genom fortsatta experiment, torde man kunna acceptera den ungefärliga siffran någon biljondels centimeter såsom sannolikaste värdet på kärnradien för de lättare elementen och bort emot tio biljondels cm. för de tyngsta, alltså gränserna 0,000 000 000 001 cm. och 0,000 000 000 010 cm. såsom det mest sannolika. Uteslutet är icke, att atomkärnans storlek kan vara ett i viss grad tänjbart begrepp, vilket visar olika värden alltefter arten av de medel med vilka vi söka bestämma den, så som fallet visat sig vara med atomernas träffyta gent emot elektroner av olika hastighet.

Vid de föregående beräkningarna har genomgående bortsetts från den omständighet, att avståndet mellan en alfapartikel och en därmed kolliderande atomkärna egentligen är summan av atomkärnans radie plus alfapartikelns egen radie. Den senare har därvid konsekvent satts lika med noll, något som emellertid icke kan vara riktigt. En uppfattning av alfapartikelns radie kan man erhålla genom att studera alfapartiklarnas avböjning i heliumgas eller genom att skjuta in alfapartiklar i vätgas och se hur många vätepartiklar som utslungas i olika riktningar. Den sistnämnda metoden blev först prövad av Rutherford under det studium av kärnträffar, som ledde till den första atomsprängningen. Han jämförde därvid de rakt framåtslungade H-partiklarnas antal med dem, som slungas i sned riktning åt sidan och fann, att de förra voro mycket talrikare än vad som motsvarar teorien, d. v. s. antagandet om punktformiga laddningar. Alfapartikeln verkar på vätekärnorna som den sätter i rörelse icke som en boll stötande emot en annan utan som ett slagträ, bibringande den träffade bollen en övervägande framåtriktad rörelse. Noggrannare försök av denna art utfördes av medarbetare till Rutherford, vilka bestämde vätepartiklarnas antal för olika vinklar mellan deras och alfapartiklarnas flygriktning, och för olika hastigheter hos dessa. Teorien för dessa stötar utvecklades av Darwin, som utgick från att vätekärnorna äro strängt punktformiga och avvikelserna från den enkla teorien för stötar av detta slag endast beror av alfapartikelns utsträckning. Darwin kunde visa, att alfapartikelns verkan på vätekärnorna närmast liknar den, som en ellipsoidisk skiva, flygande med kortaxeln i rörelseriktningen, skulle utöva, varvid man fick tänka sig Coulombska lagen gälla oförändrad ända till skivans yta och att först därintill hastigt tilltagande krafter, påminnande om dem vid en elastiskt deformerad kropps yta, träda i funktion. Darwin fann följande värden på radien: i rörelseriktningen 0,4 och vinkelrät däremot 0,8 biljondels centimeter. Elektriska laddningens potential alldeles intill denna yta beräknades till cirka 6 miljoner volt.

De yttersta enheterna.

Enligt den uppfattning av materiens innersta struktur, till vilken forskningen för närvarande hunnit, äro de minsta byggnadsstenarna vätekärnor (protoner) och elektroner. Dessa senare finnas dels inbyggda i atomernas kärnor, kärnelektroner, såsom ett slags bindemedel för protonerna, dels utanför kärnan planetlikt omkretsande denna såsom elektronhyllet, varifrån ljus- och röntgenvågor utsändas. Kärnelektronerna åter träda i utåt märkbar aktion endast vid det radioaktiva sönderfallet, såsom utslungade betapartiklar, varjämte den samtidigt utsända gammastrålningen troligen förorsakas av en rörelseförändring hos en kärnelektron eller en proton, analog till de förändringar som i elektronhyllet framkalla röntgenvågornas något lägre elektromagnetiska toner.

Möjligheten att protonerna och kärnelektronerna i större eller mindre utsträckning finnas sammanslutna till subnukleara enheter om massan 2, 3, eller 4 har upprepade gånger diskuterats. Det sistnämnda alternativet skulle innebära, att heliumkärnor, ett slags ofödda alfapartiklar, finnas inom kärnan och att det radioaktiva sönderfallet under alfastrålning består i att en dylik partikel vid en uppkommen instabil gruppering av kärnbeståndsdelarna lossnar ur förbandet och under påverkan av kärnans yttre repellerande kraftfält jagas bort med mycket hög hastighet. Antagandet att en dylik gruppering till subnukleara heliumkärnor inom de tyngre atomerna är driven till möjligheternas gräns, så att endast de övertaliga protonerna, 1, 2, eller 3 förefinnas som fria vätekärnor inom eller utanför helium-aggregatet, har tidigare ansetts såsom mest sannolikt. Sedan atomsprängningsförsöken visat, att även ur rena »helium-multipler» sådana som kol, syre och svavel vätekärnor kunna utsprängas, har detta antagande förlorat i sannolikhet.

Frågar man så efter dessa yttersta enheters dimensioner och egenskaper, så måste svaret bli ganska obestämt. Antager man, såsom numer allmänt sker, att hela elektronens tröga massa är av elektromagnetisk art och förorsakas av den elektriska laddningens höga koncentration, så kan man räkna ut denna. En elektricitetsmängd av elektronladdningens belopp, d. v. s. ett elektriskt elementarkvantum, cirka en halv miljarddel av en elektrostatisk enhet,[1] komme att få en massa lika stor som den elektronen vid magnetiska avböjningsförsök med ej för snabba elektroner visat sig äga, ifall den funnes fördelad på ytan av en sfär med radien ungefär en fembiljondels cm. Får en sådan sfärisk laddning krympa ytterligare till adertonhundradelen av den nya nämnda radien, så blir massan ökad i samma proportion, d. v. s. den blir lika stor som vätekärnans massa. Man är f. n. mest benägen att antaga detta vara förklaringen till olikhet i massa mellan de båda slagen av byggnadsstenar och sålunda anse elektroner och protoner för elektriska enhetsladdningar om lika belopp men olika »tecken», koncentrerade den ena till en sfär med radien 0,000 000 000 000 2 cm., den andra till en med radien 0,000 000 000 000 000 1 cm. Men detta antagande är, som synes, av rent formal natur och lämnar intet besked om orsaken till denna olikhet i koncentration eller till olikheten i tecken, vilka, liksom elektricitetens atomiska struktur över huvud, måste räknas till materieforskningens djupaste och mest svårlösta, om ens över huvud taget lösbara, gåtor. Elektroner och protoner äro, kan man säga, de yttersta frågetecknen vid vilka materieforskningen ännu så länge måst göra halt. Om den gjort halt?

[1] En elektrostatisk enhet är den elektricitetsmängd, som på avståndet 1 cm. påverkar en annan lika stor elektricitetsmängd med kraften 1 dyn (c:a 1 milligram).

Just på allra senaste åren har ett utomordentligt intressant försök gjorts från helt annan sida att få en ny uppfattning om de materiella partiklarna, att behandla dem såsom ett speciellt slag av vågrörelsefenomen. Denna nya »vågmekaniska» uppfattning har redan visat sig så värdefull för åtskilliga av den teoretiska fysikens mest svårlösta problem, att den, om ock endast med några ord, bör vidröras i denna framställning. Den återför i korthet sagt den materiella punkten till ett slags samverkan (interferens) mellan fortskridande vågor av mycket högt svängningstal, vilkas samlade energi sammanpackas till den materiella punkten och dess omedelbara närhet. En experimentellt prövbar följd av denna uppfattning är, att elektroner, som kastas in mot en kristall, böra uppföra sig snarlikt röntgenvågor av mycket kort våglängd och genom interferens giva större antal reflekterade vågor, d. v. s. återkastade elektroner i vissa riktningar, något varför man på sista tiden anser sig ha funnit bekräftelse genom försök. Äro emellertid protoner och elektroner var sitt slag av genom vågrörelseinterferens sammanfogade »energiknippen», så synes det rimligt antaga, att de under vissa omständigheter kunna förmås att upplösa sig och övergå till fortskridande vågrörelser av enormt högt svängningstal och motsvarande stort energiinnehåll. Vi kunna däri se en väg till materiella partiklars övergång i energi genom »förintelse» av massan, en förvandling vartill vi skola återkomma i detta arbetes nästa och avslutande kapitel.

Huru det än må vara med riktigheten av dessa föreställningar om elektronernas och protonernas vågrörelsekaraktär, så kunna vi säga, att redan utan denna sista möjlighet har forskningen avslöjat den »kompakta» materien som ett sinnenas grova bedrägeri. Verkligheten är atomer och tomrum, lärde Demokrit, atomerna äro atomkärnor, elektroner och tomrum förkunnar den moderna materieforskningen och atomkärnorna själva bestå av elektriska elementarladdningar av två slag, elektroner och protoner samt en ny portion tomrum, vari dessa, de allra yttersta enheterna, ligga inbäddade. Slutligen äro kanhända dessa de elektriska enhetsladdningarna själva, endast ett slags vågrörelsefenomen, ett vibrationstillstånd i den omgivande rymden. Sannerligen, för materieforskningen blir verkligheten mer och mer spöklik ju djupare in i den man tränger!

STJÄRNORNAS VITTNESBÖRD

Stjärnljusets sammansättning.

Det ligger i den mänskliga naturen en tendens att till andra världar förlägga förverkligandet av strävanden, som här på jorden misslyckats och lösningen av problem, dem man här icke mäktat med. Icke heller utforskarna av materiens sammansättning ha gått fria från denna böjelse. Transmutationen, som våra svaga resurser icke tycktes rå med att genomföra, trodde man förverkligas på andra himlakroppar. I fixstjärnornas väldiga smältugnar skulle atomerna förvandlas, grundämnena upplösas och ånyo sammansättas.

Så snart stjärnornas ljus kunde studeras till sin spektrala sammansättning, tyckte man sig få belägg för dylika antaganden. Lockyer, en av astrofysikens grundläggare, hade konstaterat, att i solljuset några linjer tillhörande ett visst grundämnes spektrum kunna uppträda skiljda från de övriga för ämnet karakteristiska spektrallinjerna, med vilka man alltid funnit dem förenade vid laboratorieförsök. Denna klyvning av ett grundämnes spektrum trodde Lockyer motsvaras av en klyvning av dess atomer. De i ljuset från solens kromosfär isolerat förekommande Frauenhoferska H- och K-linjerna från kalcium antog han utsändas från en spjälkningsprodukt av detta element kallad protokalcium.

Vi ha numera en annan, säkerligen riktigare förklaring för dessa och liknande fall av enstaka linjers eller linjegruppers uppträdande i solens och stjärnors spektra. De komma från samma slags atomer som utsända de för oss välkända, fullständiga spektra, men dessa atomer befinna sig i solatmosfären eller i en fixstjärnas ytlager under helt andra tryck- och temperaturförhållanden, än dem som förekomma i laboratoriet, så att endast vissa rörelser av de ljusalstrande elektronerna i deras inre utlösas. Återvändande till en tidigare använd bild kunna vi säga, att i stjärnan vissa strängar hos instrumentet (atomen) enbart eller övervägande anslås, vilka, så som vi förmå anordna försöket, endast klinga i ackord med en massa andra strängar.

En liknande förklaring gäller för de okända linjer, som konstaterats i många stjärnors eller nebulosors spektra. Endast i ett fall har det verkligen visat sig vara fråga om ett på jorden förut okänt element, helium, vars karakteristiska gula spektrallinje först påvisades av Lockyer i solatmosfären ett kvartssekel innan Ramsay isolerade gasen ur cleveit. För flera andra sådana nya linjer har man däremot kunnat härleda deras ursprung från välkända atomslag, exciterade på ett sätt som man i laboratoriet icke tidigare förmått efterhärma.

Icke sällan har det visat sig, att sådana nya linjer komma från ett atomslag som förlorat en elektron mera, än vad de vid laboratorieförsök bruka göra, varigenom det fått sina optiska klangmöjligheter stämda i en annan tonart. Den engelske astrofysikern Eddington uttrycker detta så, att en atom, som förlorat en elektron mer än vanligt, är som en god vän, som rakat bort sin mustasch, man har först svårt att känna igen honom! Ett berömt exempel härpå är den s. k. Pickeringserien av linjer, som förekommer i några av de hetaste stjärnornas spektra och som på grund av stora likheter med en av vätgasens viktigaste linjeserier tillskrevs denna gas. Emellertid förutsade Bohr på grundval av sin teori för spektrallinjernas uppkomst, att Pickering-serien bör tillhöra icke väte utan helium, men helium som joniserats, så att dess atomer förlorat den ena av sina båda elektroner. På experimentell väg bekräftades detta av den engelske fysikern Fowler, som för första gången lyckades att i laboratoriet ur ren heliumgas få fram några av Pickeringseriens linjer.

Figur 64 återgiver en fotografi av en ringformig nebulosa i stjärnbilden Lyran tagen genom ett prisma, så att icke endast en ring utan åtta stycken äro synliga, var och en motsvarande en viss linje i nebulosans spektrum. Den svagaste ringen, markerad med en pil, har frambragts av ljus från joniserade heliumatomer, vilka, eftersom diametern är påtagligt mindre än de övriga ringarnas, måste förefinnas anrikade mot nebulosans inre rand. De båda ringarna, vilka till dels täcka varandra, omedelbart till höger om heliumringen på bilden, ha tidigare tillskrivits ett okänt ämne, nebulium.[1] Likaså är den starka ringen längst till vänster förorsakad av en spektrallinje, som man hittills icke lyckats identifiera. Den relativt stora diametern på de tre sistnämnda ringarna antyda, att ifrågavarande spektrallinjer övervägande frambringas nära nebulo-

[1] Man har nyligen på grundval av den Bohrska teorien kunnat visa att nebuliumlinjerna ganska säkert härstamma från syreatomer i »metastabilt» tillstånd, vari våra laboratorieresurser ej förmått att bringa dem.

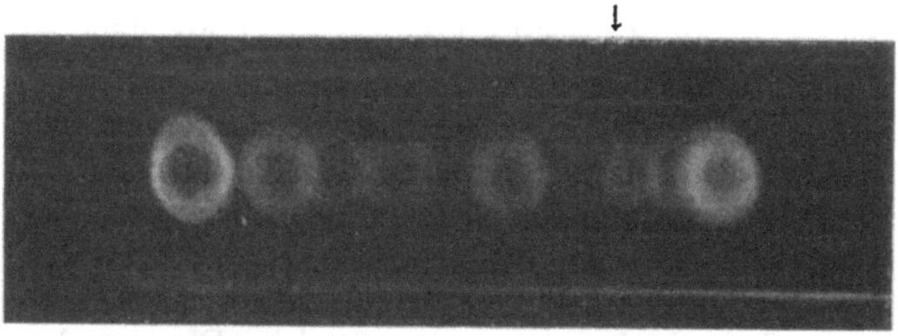

Fig. 64. Spektral fotografi av ringformig nebulosa i Lyran.

sans yttre rand. I intetdera fallet torde det vara fråga om ett nytt ämne, utan säkerligen frambringas dessa linjer av för oss kända grundämnen, vilkas atomer i nebulosan bringas att vibrera på ett för oss okänt sätt. Jakten efter nya element torde numera vara avslutad, och det lönar sig icke ens att söka sådana på de kosmiska jaktmarkerna.[1]

Ett annat argument för grundämnenas omvandling i fixstjärnorna erbjöds av den olikhet i stjärnornas spektra, som möjliggjort deras indelning i olika spektralklasser, vätestjärnor, heliumstjärnor, kalciumstjärnor m. m., allt efter det grundämne, vars spektrallinjer dominera i deras ljus. Förklaringen är en helt annan än den tidigare föreslagna, som i dessa olikheter såg bevisen för en materiens evolution från den ena klassen av stjärnor till den andra med ett »sönderfall av grundämnena» i de hetaste stjärnorna till helium eller rent av till vätgas. Det förhåller sig i stället ganska

[1] Förutsett att de senast anmälda upptäckterna av grundämnena med n:ris 43, 61 och 75 i det periodiska systemet bekräftas, så äro numera alla lediga platser ända t. o. m. n:r 84 fyllda. De återstående, som ännu icke belagts, med ordningsnumren 85 och 87, anser man tillkomma element som icke äro stabila nog för att i mätbara mängder kunna påvisas.

säkert så, att de fysiska betingelserna i det skikt av stjärnan, vars ljus kan nå fram till oss, i ena fallet äro gynnsamma för exciterandet av vätets atomer i andra fallet bringa företrädesvis heliums atomer att lysa o. s. v. Uteslutet är naturligtvis icke, att därjämte det ena eller det andra ämnet verkligen kan spela en kvantitativt mera framträdande roll för det ljusutsändande lagrets sammansättning. Då man betänker, huru ofantligt ringa del av stjärnans totala massa det lager representerar, vars ljus vi iakttaga, så inses, att i varje fall ingen slutsats rörande sammansättningen av stjärnan i dess helhet kan dragas ur dylika iakttagelser.

Det är på helt andra grunder, som flera av nutidens astrofysici antaga, att i stjärnorna verkligen genomgripande förändringar av materien måste äga rum, förändringar, vilka i flera avseenden verka ännu mera fantastiska än dem, på vilka förfäktarna av grundämnenas klyvning i prototyper trodde. Det allt mer dominerande energiproblemet sysselsätter icke blott våra nationalekonomer och politici och åstadkommer den ena stormaktskonflikten efter den andra i kampen om oljan och stenkolen. Det har sin motsvarighet även i fråga om de kosmiska problemen och har bringat företrädarna för olika vetenskaper i harnesk mot varandra.

Transmutation eller förintelse av materie?

Den väldiga flod av energi, som solen på trådlös väg oupphörligen kastar mot jordklotet och som direkt eller indirekt är orsaken till så gott som allt skeende på vår planet, belöper sig, omräknad i elektrisk energi, till en oavbruten leverans om nära två hundra biljoner kilowatt, alltså mera än en miljard gånger Trollhättans produktion. Enligt den allmänt vedertagna uppfattningen sker denna energileverans från solytan med fullkomlig opartiskhet åt alla håll i rymden, vare sig där finnas planeter i dess väg i stånd att upptaga densamma eller ej. Då vårt jordklots yta från solen sett upptager endast en knapp tvåmiljarddel av hela rymdvinkeln, så måste den ovan nämnda siffran, för vad vi få mottaga, multipliceras med över två miljarder för att få solens allsidiga energiförlust. Eftersom solen av allt att döma bibehållit sin temperatur nära oförändrad under mycket lång tid, så måste denna förlust av strålande energi antagas bli ständigt täckt av en motsvarande energiproduktion.

Den vid vårt århundrades början allmänt antagna förklaringen härför hade givits av Helmholtz och Lord Kelvin, vilka antogo energien alstras genom en gradvis skeende sammandragning av solens massa, ett slags delarnas fall in mot centrum, varvid den mot fallet svarande arbetsmängden omsättes i värme. Räkningen visade, att med en energiförlust lika stor som den solens nuvarande utstrålning representerar, kan en dylik kontraktion ha pågått i högst tjugu miljoner år, vilket alltså skulle vara solens ålder från dess födelse ur en förtunnad urmateria. Men vårt jordklot, som ju tänkes bildat ur solen under ett visst stadium av dennas utveckling, måste då vara väsentligt yngre.

Nu anse såväl geologerna som ännu mer biologerna, att den tid som erfordrats för, å ena sidan de olika bergarternas och avlagringarnas tillkomst och förvandlingar, å andra sidan de levande varelsernas evolution, måste vara många gånger längre än den siffra, som kontraktionshypotesen fört till. Ett mera direkt argument för nödvändigheten av en utökad tidsskala erhölls medelst den i det föregående omnämnda metoden att direkt i miljoner år bestämma olika bergarters ålder ur deras halt av radioaktiva omvandlingsprodukter, varvid för de äldsta mineralen en ålder överstigande en miljard år erhölls. Men även astronomiska fakta tala för en mycket längre kosmisk tidsskala. Studiet av vissa föränderliga stjärnor, de s. k. Cepheiderna, vilka synas vara stadda i en ständig rytmisk pulsering eller »andning», vid vilken deras volym och ljusstyrka periodvis ökas och minskas, ger på grund av rytmens påtagliga oföränderlighet skäl antaga, att stjärnornas ålder måste räknas i miljarder om icke i biljoner år. När nu å andra sidan bestämningar av vissa Cepheiders ljusstyrka och massa visade, att de kunna utsända en energiström många hundra gånger starkare än vår sols, så underströks ytterligare kontraktionsteoriens fullkomliga fiasko.

Där måste i stjärnornas inre finnas ständigt pågående, energigivande processer i stånd att under biljoner år underhålla de ofantliga depenser av strålande ljus och värme, som dessa universums slösare kunna tillåta sig. Man tänker i främsta rummet ovillkorligen på radioaktiva processer, alltså på ett sönderfall av grundämnen under frigörande av atomkärnornas energiförråd. Men en överslagsräkning visar, att detta icke räcker långt, i varje fall icke så länge man begränsar sig till de radioaktiva processer, som vi känna. Sålunda skulle solen för länge sedan ha gjort bankrutt på sina strålningsförluster, även om den ursprungligen till hela sin massa bestått av uran eller torium, varför ju icke något som helst skäl i dess av oss kända sammansättning synes tala. Möjligheten av att andra slag av atomkärnor upplösas eller bildas, eller att de förvandlingar av grundämnen, som atomsprängningen låtit oss känna till, försiggå i stjärnornas inre har också diskuterats, men även i detta fall visar beräkningen siffror, som enligt många forskares åsikt äro otillräckliga.

Den nyare uppfattningen om sambandet mellan materie och energi, som i det föregående berörts, tillskriver energien en viss massa. Denna kan beräknas i gram genom att dividera energien uttryckt i absoluta enheter (erg, varav gå cirka 36 biljoner på en kilowattimme), med kvadraten på ljusets hastighet uttryckt i centimeter per sekund (c = 30 000 000 000), alltså division med en nia åtföljd av tjugu nollor. »Vikten» av en kilowattimmes energi blir sålunda ytterligt ringa, ungefär en tjugufemtusendel av ett milligram, och den energi, som från Trollhättan under loppet av ett år distribueras över ledningsnätet, »väger» icke stort mer än 50 gram! En kropp som uppvärmes från vattnets fryspunkt till kokpunkten får genom den tillförda värmeenergien sin massa något ökad, men viktsförändringen belöper sig endast till en siffra i tolfte decimalen och är sålunda fullkomligt omöjlig att experimentellt framställa.[1]

Men även omvändningen av den ovan nämnda satsen, energi har massa, anses numer allmänt vara rik-

[1] Endast vid det radioaktiva sönderfallet av exempelvis en curie radiumemanation är värmeutvecklingen så stor, att den mot denna energiförlust svarande viktsförändringen skulle kunna påvisas med hjälp av en högkänslig mikrovåg. Den beräknas utgöra några miljondelar av ett milligram, vilket, bortsett från speciella svårigheter av teknisk art, ligger inom gränsen för det vägbara.

tig: massa har eller snarare *är* energi. Den massa en viss kropp har, vilken vi äro vana att uttrycka som dess vikt, den representerar en så att säga latent eller »frusen» energimängd, vars belopp i erg fås genom att multiplicera massan i gram med ovannämnda tjuguensiffriga tal, ljushastighetens kvadrat. De energiförråd, som enligt denna uppfattning slumra i vanlig materia, eller *äro* materia, äro alltså svindlande höga. Och efter dessa skatter griper astrofysikern för att återställa jämvikten i stjärnornas strålningsbudget. Den angivna energileveransen från vår sol till universum motsvarar efter division med reduktionsfaktorn c^2 en massförlust om icke mindre än fyra miljoner ton i sekunden eller hundratjugu biljoner ton om året. Trots sin överväldigande storlek representerar det sistnämnda talet ej mer än en femtonbiljondel av solens massa.

Förvandlingen av massa i energi kan tänkas ske på två väsentligen olika sätt. Såsom vi sett kan man antaga heliumkärnan vara uppbyggd av fyra vätekärnor sammanhållna genom kittverkan från två kärnelektroner. Då den elektriskt neutrala heliumatomen dessutom äger två yttre elektroner, så motsvarar den fyra fullständiga väteatomer, och man skulle vänta att dess massa vore jämnt fyra gånger vätets. Detta är emellertid icke fallet. Vätets atomvikt är större än 1 eller 1,008, när syrets atomvikt som vanligt sättes till jämnt 16,000. Heliums atomvikt är jämnt 4,000 i stället för $4 \times 1{,}008 = 4{,}032$. Heliumatomen är sålunda ungefär en trettiondels atomviktsenhet lättare än 4 väteatomer; tänkes heliumatomen uppstå genom sammanslutning av dessa, så måste denna process åtföljas av en massförlust. Man antager denna massförlust vara verklig och motsvaras av en vid heliumbildningen bortgående energimängd, dess »bildningsvärme» ur vätgas. För fyra gram till helium ombildad vätgas belöper sig denna beräknade energiutveckling i erg till en trettiondedel av den tjuguensiffriga omräkningsfaktorn, eller uttryckt i den vanliga värmeenheten cirka sjuhundra miljarder gramkalorier. Detta är nära fem miljoner gånger mera, än vad samma mängd väte lämnar såsom förbränningsvärme, när det vid knallgasens explosion förenar sig med syre till vatten!

Om i stjärnorna en ombildning av väte till helium efter detta schema försiggår i stor utsträckning, så motsvarar detta en energiproduktion, som väl kan komma i åtanke vid beräknandet av strålningens energibalans. Man kan naturligtvis tänka sig sammansättningen av väte driven ännu längre, till bildningen av de tyngre grundämnenas mera komplicerade atomkärnor. Men då dessas atomvikter i övervägande antalet fall föga om ens alls avvika från jämna mångfalder av heliums atomvikt plus 1 till 3 väteenheter, så inses, att ingen nämnvärd förvandling av massa till energi utöver den, som heliumsyntesen själv motsvarar, står att vinna på detta sätt. Denna bråkdel, en trettiondedels atomviktsenhet per fyra väteatomer eller något mindre än 1 % ov totala massan, gäller som ungefärligt gränsvärde för den energigivande massförändringen vid elementsynteser ur väte.

Med den möjlighet täcka strålningens energidepenser, som detta transmutationsvärme innebär, ha en del astrofysici åtnöjts. Vår sol skulle på så sätt i ungefär tio miljarder år ha kunnat depensera en strålning lika stark som den nuvarande. Åt de mera slösaktiga stjärnorna beskäres en livslängd som i vissa fall ligger under en miljard år, en ålder som mätt i kosmiska mått icke är särdeles imponerande.

En annan representant för den teoretiska astrofysiken, den redan citerade Cambridgeastronomen Eddington, är anspråksfullare och anser flera skäl tala för en tio till hundra gånger längre tidsskala. Icke ens transmutationen räcker enligt hans mening till för att hålla universum från bankrutt.. Dessutom tala andra skäl för en radikalare lösning av problemet. En elementsyntes ur väte i sådan omfattning, som här förutsatts, skulle innebära, att stjärnorna till en mycket avsevärd del bestå av detta ämne, och att även åldrade stjärnor likt vår sol i sitt inre dölja väldiga förråd av vätgas. Men detta antagande är knappast förenligt med fakta. Visserligen innehåller solatmosfären, speciellt dess högre lager, betydande mängder vätgas såsom den i figur 65 återgivna fotografien av solytan, tagen uteslutande med ljus från en av vätgasens spektrallinjer, visar. Men med detta elements ringa täthet vore ett fullständigt dominerande av väte i solens atmosfär att vänta, ifall hela dess massa till så relativt stor del utgjordes av detta element, som transmutationsvärmets förfäktare måste antaga. Därtill kommer en annan omständighet, åt vilken Eddington tillmäter stor betydelse. Mycket starka skäl tala för, att alla stjärnor under sin utveckling från ofantligt förtunnade, röda töckenstjärnor över vitglödande jättestjärnor till gula och röda dvärgstjärnor undergå en gradvis minskning av massa. De av andra skäl såsom unga ansedda stjärnorna ha genomgående större massor än de, som antagas redan ha en lång utveckling bakom sig. En del fakta tala t. o. m. för att stjärnorna födas med en ganska noga bestämd massa och att mot en viss fas i deras ut-

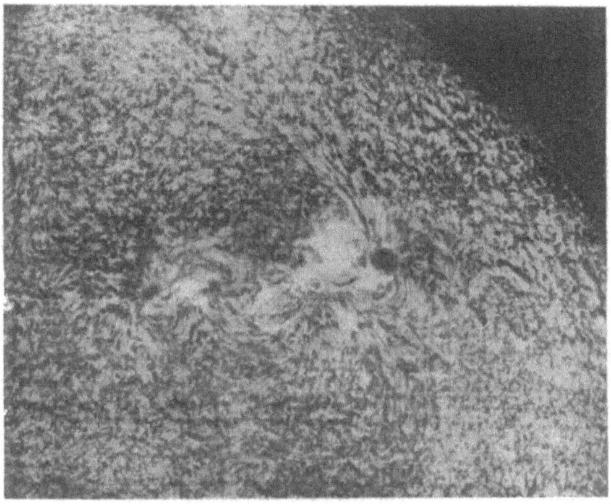

Fig. 65. Fotografi av vätgasen i solens ytlager.

veckling svarar en viss massa, så att lika gamla stjärnor ha tillnärmelsevis lika stor massa. Då skillnaden mellan unga och gamla stjärnor motsvarar proportioner mellan massor om 10 till 1 eller mera, så kan detta endast betyda, att en stjärna under sin evolution minskar sin massa till en bråkdel av den ursprungliga.

Enligt Eddington tydes detta så, att massförlusten motsvaras av bortstrålad energi. Stjärnorna äro i stånd att täcka sina energiförluster genom en ständig omvandling av massa i strålande värme och det i långt större utsträckning, än vad som motsvarar den knappa procent av massan, med vilken transmutationshypotesen räknar. I stjärnornas inre sker omvandlingen av massenheter i energienheter långt radikalare än vid heliumsyntesen, det är icke ett ursprungligt förråd av väte som förvandlas till en slagg av andra, energifattigare element, utan massan *brännes successivt i sin helhet* bort, problemets lösning heter icke transmutation utan förintelse av materien!

Denna förklaring kan tyckas avskräckande och har från fysikerns sida väckt många betänkligheter. En av dessa grundar sig på resultaten från de av Eddington och andra utförda beräkningarna över temperaturen i stjärnornas inre. Beräkningen, vilken utföres under antaganden om jämvikt mellan gravitationskrafterna, som sträva att prässa ihop stjärnan, och gastryck plus strålningstryck, som vill öka dess volym, har givit en temperatur i stjärnornas inre om cirka fyrtio miljoner grader. Märkligt nog erhålles samma värde på temperaturen i centrum för nästan alla äldre stjärnor, för vilka data för beräkningen finnas, inklusive vår sol, oberoende av stjärnans strålningsintensitet. Det förefaller, säger Eddington, som om materien i stjärnornas inre, upphettad till denna temperatur finge förmåga att övergå till energi i nästan vilket tempo som helst, svarande mot stjärnans energidepenser, »som om energi skulle vid 40 000 000° strömma ur materien ungefär som ånga ur vatten vid 100°»! Nu är denna temperatur, ehuru i och för sig respektabel, mycket låg jämförd med den temperatur, som motsvarar alfapartiklarnas rörelsehastighet, vilken som vi sett är likvärdig med molekylhastigheten i en till sextio miljarder grader upphettad heliumgas. De enda exempel på elementförvandling, som vi hittills ha kunnat konstatera, ha ernåtts vid alfapartiklarnas anslag mot andra atomer. Att atomernas kärnor skulle vara åtkomliga för så svaga stötar, som dem atomerna eller snarare jonerna giva varandra vid futtiga fyrtio miljoner grader, är högst oväntat och skulle betyda, att vi vid atomsprängningen ännu så länge använt onödigt våldsamma medel. Detta *kan* vara möjligt och ha sin orsak i att våra iakttagelsemetoder hittills endast utbildats för att observera atomfragment, som själva ha en ytterst snabb rörelse och vilka för att alstras kräva motsvarande snabbhet hos den sprängande projektilen. Atomsprängning borde i så fall vara utförbar med vida enklare medel, exempelvis med snabba kanalstrålar.

I varje fall har Eddington på förhand besvarat denna väntade invändning från den skeptiske fysikerns sida, att den beräknade temperaturen i stjärnans inre icke är nog hög för att kunna antagas räcka till för en elementförvandling, med en skämtsam uppmaning till tvivlaren att i så fall söka sig ett ännu hetare ställe (»to go to a hotter place»)!

Materiens tillstånd i fixstjärnornas inre.

Ett mera sakligt argument, som Eddington också framhåller till stöd för sin ovan citerade uppfattning är, att i stjärnornas inre materien måste antagas vara i ett tillstånd, som saknar varje motsvarighet vid våra försök. Den våldsamma hastighet med vilken atomerna törna mot varandra och ännu mer intensiteten av den strålning, som från alla sidor genomströmmar dem, måste resultera i en jonisation vida överträffande allt vad vi känna till. Atomerna i en stjärnas inre måste antagas vara berövade icke en eller två till ett fåtal elektroner, som i det elektriska urladdningsröret, utan de äro så radikalt avklädda sina yttre elektronhyllen, att de lättare elementens atomkärnor uppträda nakna, under det de tyngre grundämnena på sin höjd behålla ett eller två av de allra innersta elektronhyllena. De talrika lösgjorda elektronerna röra sig som självständiga enheter, vilket medför, att den genomsnittliga massan hos de om varandra ilande partiklarna, d. v. s. stjärngasens molekylvikt, oberoende av vilka grundämnen den innehåller, är nedsatt till något emellan vätgasens och heliums, till två à tre enheter. Denna extrema jonisation måste å sin sida medföra, att atomkärnorna äro i viss grad oskyddade för yttre angrepp, den effektiva atomradien är minskad till en hundradel eller en ännu mindre bråkdel av vad den är vid vanlig temperatur, då hela det fulltaliga systemet av planetelektroner omgiver kärnan.

En följd härav är, att de ultrajoniserade atomerna måste kunna pressas mycket närmare varandra, än vad våra laboratorieförsök visat vara möjligt. Denna konsekvens av uppfattningen om en stjärnas inre har fått ett oväntat stöd genom studiet av den berömda följeslagaren till Sirius, en stjärna av nionde storleken, vars iakttagelse endast är möjlig med teleskop, och som därtill försvåras av den bländande ljusfloden från dess kamrat Sirius.

Beräkningen av massan och storleken för denna stjärna, utförda enligt i övrigt vedertagna grunder, hade givit det överraskande resultatet, att den inom en volym föga större än jordklotets, måste innehålla en massa nära nog lika stor som hela vår sols, motsvarande en täthet hos materien sextio tusen gånger vattnets. I Sirius följeslagare skulle man m. a. o. ha materie i en alldeles ny form, sammanpressad till en täthet flera tusen gånger större än platinans! Man erinras ofrivilligt om Lenards tankeexperiment med de ända till ömsesidig beröring sammanpressade dynamiderna (jämför sida 51.).

Detta resultat har senare fått bekräftelse genom en av den amerikanske astronomen Adams utförd mätning av den s. k. Einsteineffekten hos ljuset från Sirius följeslagare, den förstämning av dess spektrallinjer till långsammare svängningstempo (»rödförskjutning»), som framkallas av gravitationens inflytande. Effekten i fråga befanns verkligen ha det höga värde, trettio gånger mera än det för vår sol gällande, som motsvarar en täthet om över 50 000.

Även om man ställer sig tvivlande mot detta resultat, vilket visserligen icke innebär något absurt från den nu gällande atomlärans synpunkt, så måste man likväl medgiva, att atomerna i en stjärnas inre på grund av den höga temperatur med åtföljande starka jonisation som där råder, kunna, under de sannolikt förekommande enorma trycken (av storleksordningen tio miljoner atmosfärer), vara sammanpressade till större närhet, än vad vi någonsin kunna åstadkomma. Större närhet betyder ökad sannolikhet för kollisioner mellan atomkärnorna liksom mellan dessa och elektronerna. Den enklaste föreställning man f. n. kan bilda sig om huru en materieförintelse kan försiggå är genom att tänka den uppstå vid en ovanlig rak stöt mellan en snabb elektron och en vätekärna. Om denna senare själv är fritt rörlig eller inbyggd såsom del i en större atomkärnas komplex av protoner och elektroner är en fråga av sekundär betydelse.

Det torde icke behöva framhållas, att den här refererade tankegången är i hög grad hypotetisk, och att man gör klokast i att bevara en viss skepsis gentemot resultat baserade på iakttagelser över stjärnor belägna på så många ljusårs avstånd ifrån oss. Men frågan om universums energihushållning och huru man skall kunna förklara dess bestånd under de biljoner år, vartill man tvingas att anslå dess ålder, utan att det oupphörliga slöseriet med strålande energi lett till ett allmänt utslocknande, den står alltjämt obesvarad, därest man ryggar tillbaka för både transmutationen och materieförintelsen såsom energialstrande processer.

Däremot skulle man kunna mot Eddington rikta den invändningen, att han sett problemet allt för ensidigt energetiskt. Materiens fördelning på ett visst antal grundämnen med inbördes lika proportioner[1] i förekomst, vilka proportioner därtill tyckas vara desamma även utanför vår jord, måste antingen tillskrivas en skapelseakt, där allt blev till »efter mått och tal», eller ock en verklig materiens evolution under fysiska förhållanden, vid vilka elementen upplösas och sammansättas. Att förlägga denna grundämnenas genesis till fixstjärnornas inre såsom smältugnar, vari materien stöpes i de former vi lärt känna, synes vara den enda förklaring, som för närvarande tål att diskuteras. Detta kräver emellertid ett antagande, om att i

[1] Att de proportioner, i vilka olika grundämnen förekomma i naturen, måste ha en fundamental betydelse bestyrkes framför allt av den konstans, i vilken de olika isotoperna ingå i de av flera atomslag sammansatta blandningselementen. Särskilt påtagligt är detta förhållande i fråga om klor, enligt nyligen utförda atomviktsbestämningar för detta ämne av Docent Ellen Gleditsch. Från två prov av klorider, det ena vulkaniskt, det andra från en underjordisk saltsjö i Canada, erhölls en inom mätningsgränserna fullständig överensstämmelse med atomvikten för vanligt klor av marint ursprung. Då samma regel befunnits gälla även för klor av utomjordiskt ursprung, ur meteoriter, så visar detta att de båda klorisotoperna Cl_{35} och Cl_{37} alltid uppträda tillsammans i lika proportioner. Den för olika grundämnen möjliga förryckningen i proportionerna genom åtskiljande processer av kemisk eller fysisk art är för isotopa element praktiskt utesluten. Man tvingas därför anse mängdförhållandena mellan isotoper vara av primär art och häntyda på deras »tillverkning» i konstanta mängdförhållanden vid en elementens genesis eller evolution.

dessa smältugnar icke blott atomerna joniseras och förlora sina elektronhyllen, utan att även atomkärnorna undergå en liknande process, att ett utbyte av protoner och kärnelektroner dem emellan kan äga rum. Därvid finge man antaga, att de strukturer som äga den största stabiliteten äro de, som företrädesvis bibehållas, och att dessa därför ymnigast förekomma i slutprodukten. Alltså ett slags »survival of the fittest» i atomvärlden ledande till materiens fördelning på vanliga (= stabila) och sällsynta (= mindre stabila) grundämnen.

Den förintelse av materie, som kan tänkas uppstå genom att protoner och elektroner i sällsynta fall komma så nära varandra, att de sammansmälta och ömsesidigt utjämna varandras elektriska laddningar, under det de »energipaket» de representera lösa upp sig och fortskrida utåt i form av en ofantligt genomträngande »ultragammastrålning», må äga rum bredvid elementförvandlingen. Men fysikern måste kräva även den senare processen av astrofysikerns kosmogoni, om han skall kunna förklara sig tillfredsställd med denna. Skulle verkligen beräkningen av temperaturen i fixstjärnornas inre giva för låga värden för att kunna sättas i samband med den erfordrade jonisationen av atomkärnorna, ledande till en allmän förvandling av grundämnena, ja då måste fysikern taga Eddingtons råd på allvar och »go to a hotter place» var detta än må befinna sig!

— — — — — — — — — — — — — —

Den väg jag sökt föra läsaren har fört från alkemistens laboratorium till astrofysikerns, beläget på miljarder jordradiers avstånd från det stoftgrand i världsrymden, som vi bebo. De hypoteser som vidrörts må väl synas fantasifulla och det material av iakttagelser varpå de grundats är ännu så länge föga omfattande. Men forskningen har under de senaste årtiondena fått vänja sig vid att till diskussion upptaga mången hypotes, vilken en föregående generation av vetenskapsmän skulle avfärdat såsom lösa hugskott. Icke minst vid uppgörandet av teorier beträffande elementens förvandling är det tillrådligt att vara försiktig och att under alla omständigheter betrakta experimentet såsom det utslagsgivande. Emellertid visar erfarenheten redan, att just på detta område stora överraskningar kunna beredas den allt för klentrogne.

Det är ingalunda osannolikt att astrofysiken kan giva atomforskningen nya riktlinjer, att mikrokosmos gåta till sist får sin lösning i makrokosmos tecken, och att det ljus, som en gång kommer att falla över hemligheten med materiens innersta struktur och med grundämnenas förvandling, blir det svaga skenet från avlägsna stjärnor.

ILLUSTRATIONSFÖRTECKNING

Bei Fragen zur Produktsicherheit wenden Sie sich bitte an:
If you have any questions regarding product safety,
please contact:

Walter de Gruyter GmbH
Genthiner Straße 13
10785 Berlin
productsafety@degruyterbrill.com